JIDI TANMI

# 极地探秘

陶红亮 主编

海洋出版社

2025年·北京

图书在版编目（CIP）数据

极地探秘 / 陶红亮主编. -- 北京：海洋出版社，
2025. 1. -- ISBN 978-7-5210-1408-2

Ⅰ. P941.6-49

中国国家版本馆CIP数据核字第2024P85C02号

海洋探秘

**极地探秘** JIDI TANMI

| | |
|---|---|
| 总 策 划：刘 斌 | 发行部：（010）62100090 |
| 责任编辑：刘 斌 | 总编室：（010）62100034 |
| 责任印制：安 淼 | 网 址：www.oceanpress.com.cn |
| 整体设计：童 虎·设计室 | 承 印：侨友印刷（河北）有限公司 |
| | 版 次：2025年1月第1版 |
| | 2025年1月第1次印刷 |
| 出版发行：海洋出版社 | |
| | 开 本：787mm×1092mm 1/16 |
| 地 址：北京市海淀区大慧寺路8号 | 印 张：10 |
| 100081 | 字 数：180千字 |
| 经 销：新华书店 | 定 价：59.00元 |

本书如有印、装质量问题可与发行部调换

# 海洋探秘

| 顾　问 |

金翔龙　李明杰　陆儒德

| 主　编 |

陶红亮

| 副主编 |

李　伟　赵焕霞

| 编委会 |

赵焕霞　王晓旭　刘超群

杨　媛　宗　梁

| 资深设计 |

秦　颖

| 执行设计 |

秦　颖　孟祥伟

# 前言

极地位于地球的南、北两端，就像覆盖在地球上的白斑。虽然从表面上看，极地呈现给我们的只是一片冰原，但实际上，冰雪和严寒并没有让这里成为生命的荒原，不畏严寒的极地生物成为这里的主人，它们在这片极寒之地生存、繁衍……生命的伟大正在于此。经过自然界的优胜劣汰，能够在极地存活的生物都是生命的强者。

北极覆盖着茫茫白雪，除此之外，在其周围是亚洲、欧洲和北美洲北部的多年冻土区，这片区域有极其丰富的生物。海洋中栖息着鲸、鲨鱼、海象，天空中有雪雁、燕鸥，陆地上有北极熊、旅鼠、北极狐以及各种极地植物……在这片白色的世界里，多姿多彩的生命之花尽情地绽放。

与北极相对应的是南极。整个南极大陆都被厚厚的冰雪层覆盖，这里是世界上唯一没有常住居民的大陆。南极严酷的自然条件极大地限制了陆地动植物的生存，但是南大洋却是一个生机盎然的世界，这里无论是海洋生物的种类，还是数量都非常可观。憨态可掬的企鹅、凶

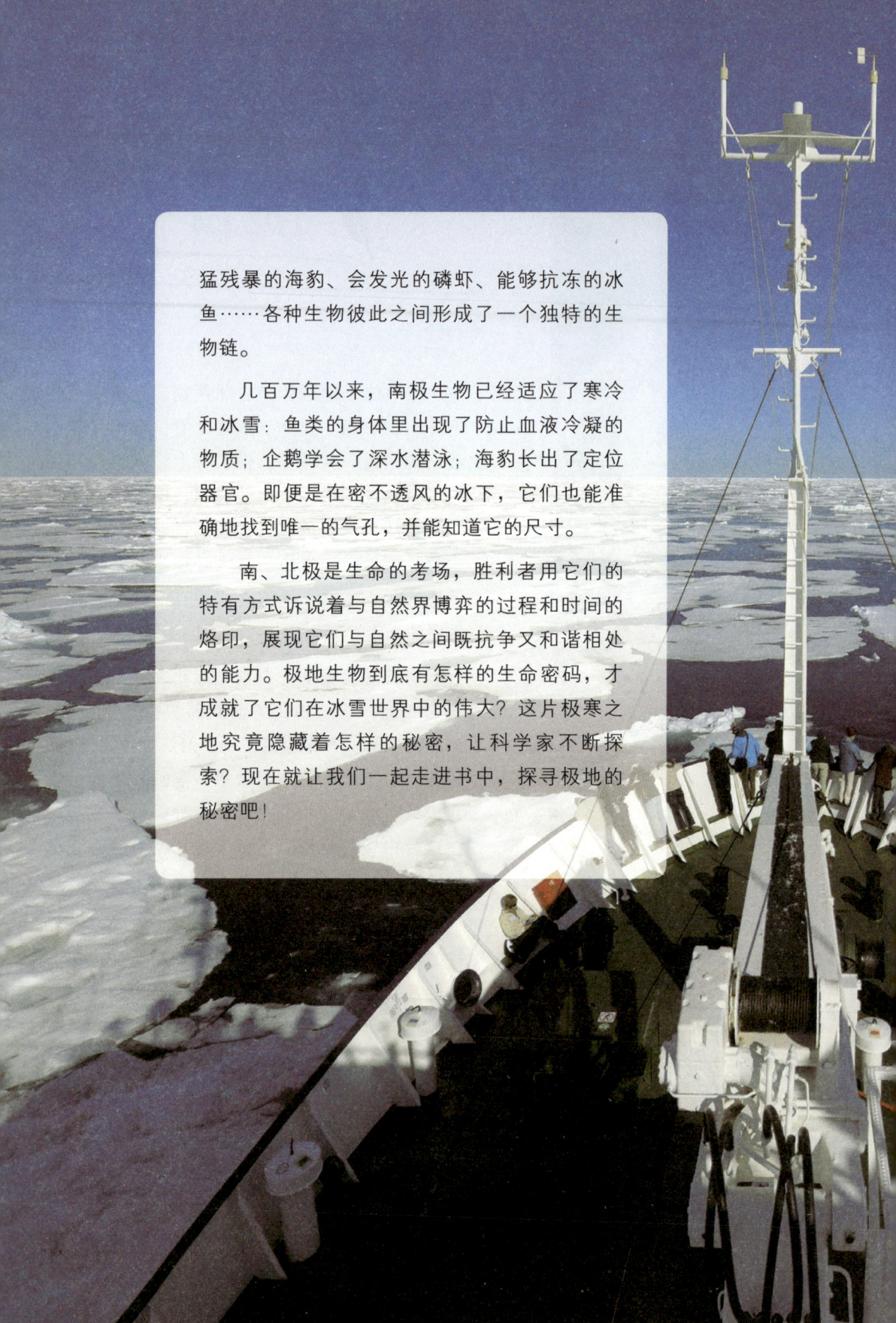

猛残暴的海豹、会发光的磷虾、能够抗冻的冰鱼……各种生物彼此之间形成了一个独特的生物链。

几百万年以来，南极生物已经适应了寒冷和冰雪：鱼类的身体里出现了防止血液冷凝的物质；企鹅学会了深水潜泳；海豹长出了定位器官。即便是在密不透风的冰下，它们也能准确地找到唯一的气孔，并能知道它的尺寸。

南、北极是生命的考场，胜利者用它们的特有方式诉说着与自然界博弈的过程和时间的烙印，展现它们与自然之间既抗争又和谐相处的能力。极地生物到底有怎样的生命密码，才成就了它们在冰雪世界中的伟大？这片极寒之地究竟隐藏着怎样的秘密，让科学家不断探索？现在就让我们一起走进书中，探寻极地的秘密吧！

# 目录
## CONTENTS

### Part 1 | 不一样的极地世界

2/ 走进南极和北极

8/ 世界上最冷的地方：极地

14/ 极地里的风暴

20/ 不同寻常的极地季节

### Part 2 | 奇妙的极地之旅

28/ 神奇的极昼和极夜

34/ 如梦似幻的极光

40/ 冰盖、冰架和冰山

### Part 3 | 冰雪中的动物们

48/ 北极熊：极地霸主

54/ 北极狐：雪地精灵

58/ 旅鼠：极地旅行家

62/ 白鲸：海中金丝雀

68/ 企鹅：不会飞的大鸟

## Part 4 | 存在于极地中的植物

76/ 苔原，不长树的平原

82/ 长在北极的耐寒植物

94/ "高等居民"：苔藓类

## Part 5 | 人类在极地的生活

102/ 因纽特人，北极的原住民

108/ 防寒服，极地的必备物

112/ 奇妙的雪屋

118/ 极地人们的狩猎生活

## Part 6 | 极地的科考与环保

126/ 留在极地的人类足迹

132/ 中国在极地的科学考察活动

138/ 不断融化的冰川

144/ 保护极地，迫在眉睫

# Part 1
# 不一样的极地世界

看着茫茫冰川,走进人迹罕至的极地,人们常会被白茫茫的冰雪震撼,也会被寒风咆哮吓倒……那里是一个与众不同的世界,充满了神秘与奇迹。

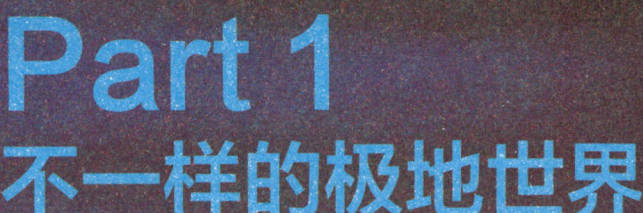

海洋探秘系列 极地探秘

Part 1 **不一样的极地世界**

# 走进南极和北极

我们的地球有一根"地轴",它会绕着这根"地轴"转动。你知道吗?地轴和地球相交的地方就是南极点和北极点。科学家发现,北极的陆地围绕着冰冻的海洋,而南极却像被海洋包裹着的冰盖一般。南极和北极到底是什么样的呢?

## 南极和北极是什么意思

从科学层面来说,南极和北极分别是指南纬66°34′以南和北纬66°34′以北的地区,两者的面积相同,都是2100万平方千米。人们在日常生活中提到的南极和北极,通常是指北极地区和南极洲。

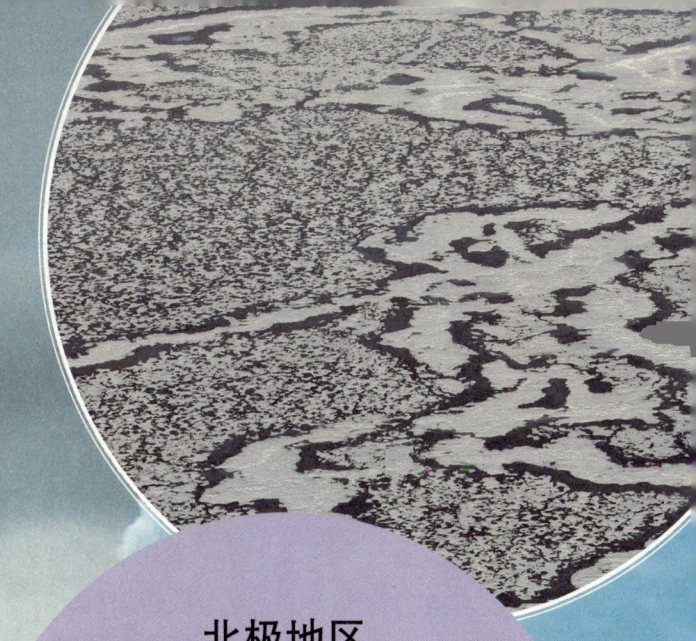

## 北极地区

北极地区是指北极圈以北,即北纬66°34′以北的地区。在这个地区里,有被浮冰覆盖的北冰洋,也包括亚洲、欧洲和北美洲的一些陆地。北极地区的总面积达2100万平方千米,约占地球表面总面积的1/25。其中,北冰洋的面积又占了北极地区总面积的60%。

南极洲是地球的七大洲之一,它位于地球南端。南极洲包括南极大陆和南极大陆周围的岛屿,其中,南极大陆的面积为1239.3万平方千米,岛屿的面积为7.6万平方千米,另有约158.2万平方千米的冰架。南极洲的总面积为1405.1万平方千米。

海洋探秘系列 极地探秘

Part 1 不一样的极地世界

## 极地为什么那么冷

说起极地，我们最先会想到冰天雪地。你知道那里为什么会如此寒冷吗？极地的光照是太阳斜射过去的，阳光需要经过漫长的路程才能抵达那里，在此过程中温度会被大气层削弱，最终抵达极地时，热量也就所剩不多了。随着时间的积累，两极慢慢地积累了冰雪。而冰层如同一面镜子，当光照到冰层上，大部分的阳光又会被折射到太空。如此一来，两极的温度就更低了。

### 奇闻逸事

南极大陆95%以上的面积终年为厚度惊人的冰雪所覆盖，素有"白色大陆"之称。其上冰盖的平均厚度为2000米，最厚的地方达4800米，冰雪总体积约为2700万立方千米，占世界淡水（包括地下水）总量的70%；平均海拔为2350米，是地球上最高的大陆。

## 南极和北极一样冷吗

当你看到这个问题时，是不是在想南极和北极不都是冰雪世界吗？难道它们不一样冷吗？确实，它们的温度还真不一样。你知道吗？南极比北极的温度更低，大约低20℃。原来，海洋比冰雪更能储备热量，北极大部分是海洋，南极大部分是冰雪，以至于在相同纬度上，南极大部分地区比北极冷。

## 了解南极的宝藏

南极大陆虽然被冰雪覆盖，却含有非常丰富的资源。在这里，最引人注目的是矿产资源。南极的煤矿储量非常丰富，大约达到5000亿吨。南极的铁矿储量也十分充足，含铁品味高，有"南极铁山"之称。

## 了解北极的宝藏

虽然北极大部分是海洋，可是那里的宝藏却也不容小觑。北极富含煤矿、天然气、石油、金属矿物等，这些物质大约占世界总储量的1/3。另外，在北冰洋的海底下还有丰富的硬石膏矿、多金属结核、锡等物质。

## 极地的宝藏可以加以利用吗

面对丰富的资源，人们怎么会将它们闲置呢？相对而言，南极的资源封存较好，而北极的矿产早已被开发。例如，在阿拉斯加西北岸有一个美国开发的大型锌矿开采基地；加拿大也在北极开发出3个钻石矿……

## Part 1 不一样的极地世界

### 更多关于极地的秘密

在我们简单概述了极地的情况之后，你是不是对极地更好奇了呢？接下来，让我们了解更多关于极地的秘密吧！

### 叹为观止的极地蜃景

有人在南极考察时曾目睹了这样的景象：只见在距离营地几千米处的冰礁上出现了很多高楼大厦。那情形如同一座城市突然降临。不过，随着一片云朵飘过，一切却又化为乌有。

### 匪夷所思的乳白天空

相信不少人很喜欢白色，因为它象征着纯洁。你见过乳白色的天空吗？在南极，你会被这种天气震撼！这是南极洲的一种奇特的自然现象。如果你身在其中，会觉得天地被乳白色笼罩，如同掉入奶昔中一样，以致你无法判断身边的事物。

### 被阴霾笼罩的北极

20世纪50年代，北极上空时常会出现一种淡褐色的云团，它就是北极阴霾。这些阴霾由水蒸气、冰晶以及悬浮在空中的颗粒、粉尘等构成。为什么北极会出现阴霾呢？原来，北极空气中的粉尘等来自北冰洋地区，是那里的人们在燃烧煤、石油等过程中产生的。在某种程度上，北极阴霾威胁着当地的生态环境。

## 北极曾经很温暖

原始的北极温度相对温暖，那里曾生活着龟类、原猴等。如今北极的多年冻土区在500万年前其实长着茂密的森林，森林中生活着剑齿虎、野马等。在距今200万~300万年，北极开始全面结冰。在距今约150万年，冰原覆盖了整个格陵兰岛。北冰洋上也出现了浮冰。

## 南、北极冰山的形成

冰山是由数量庞大的固态水构成的。不过，你知道极地冰山是怎么形成的吗？随着南、北极的冰川不断向周围移动，当这些冰川进入海洋之后，一部分冰川会断裂，从而形成了冰山。冰比液态的水轻，于是冰山悬浮在水面上。

### 开动脑筋

下面关于南极和北极的说法中，正确的一项是（　　）。

A. 极地有丰富的资源，是人类未来资源宝库之一

B. 南极都是陆地，北极都是海洋

C. 当前，极地不存在环境问题

D. 极地环境恶劣，并没有任何考察价值，人们前往那里不过是为了探险

7

海洋探秘系列 极地探秘

Part 1 不一样的极地世界

# 世界上最冷的地方：极地

如果让你用一个字来形容极地，你会用哪个字呢？如果是我，我会用"酷"字！试想，在极地那么遥远的地方，竟然还生活着许多奇特的生物，这难道不酷吗？那里还有堆积了亿万年的冰雪，这难道不酷吗？

### 海洋万花筒

南极磷虾处在南极食物链的底端，它们主要以南极硅藻为食。南大洋中的所有动物，如企鹅、海豹、须鲸等都是南极磷虾的天敌。在如此多的天敌面前，南极磷虾竟然没有灭绝，这又是为什么呢？其实，这是因为它们的繁殖力很强，雌虾一次能产6000~10000枚卵。每年的12月至次年的3月是它们繁殖的时间，另外，它们的后代存活率也很高。

## 数量惊人的南极磷虾

南极磷虾是一种很古老的动物，也是南极最重要的动物之一。这种动物的体长最大能达到7厘米。尽管它们的个头不大，但是数量却十分惊人：当它们聚集在一起，可以形成数量庞大的虾群，每立方米可达1万~3万只。有科学家推测，南大洋中的南极磷虾的储量高达数十亿吨。它们是很多动物的食物，可以将长须鲸等动物喂养得膘肥体壮。

## 南极磷虾怕冷吗

一般的虾是怕冷的，当温度低于它们适应的温度时，它们会停止进食；当温度变得更低而没有达到0℃以下，它们会处于休眠状态。相比之下，南极磷虾似乎耐寒，它们可以在南极生活，实在不简单。另外，听到"磷虾"这个词，你一定会将它们和我们日常所见的虾联想起来。其实，从分类上看，南极磷虾并不是虾，它们是一种似虾的甲壳动物。

## 不怕冻的极地鱼类

北极鳕鱼，又被称为挪威北极鳕鱼，自古以来便是北极圈附近出产的经济鱼类。北极鳕鱼之所以能在气温极低的北极生存，是因为其体内的皮下层有能抵抗寒冷水体的厚厚的脂肪，另外，北极鳕鱼的血液中含有一种名为抗冻蛋白的化学物质，这种物质能使冰晶无法在其表面生长，因而北极鳕鱼才能免于被冰晶吞噬。

南极冰鱼，广泛分布于南极洲附近的各个海域，主要生活在深海0℃以下的无污染海域。南极冰鱼的血液为无色，且冰点低于海水的冰点，当无色的血液在其身体内循环流动时，阻力比红色血液小，能有效节约自身能量，且有利于在极端环境下生存。

## 感知极地的"体温"

如果让我们给极地做一次"体检"，你一定会被它们的"体温"震撼。南极年平均气温为-25℃，南极沿海的气温为-20℃~-17℃。你知道吗？截至目前，南极最低气温为-89.2℃。在过去，北极1月的气温为-40℃~-20℃。由于全球气候变暖，近年来北极8月的平均气温为-2℃。

# Part 1 不一样的极地世界

## 为什么企鹅不会融化脚下的雪

在酷寒之下,极地动物需要不断消耗能量才能维持自身的体温。不过,你一定好奇,如果产生热量的话,那么,企鹅难不成要把自己脚下的雪融化了吗?可事实并非如此,原来,它们的血液会从温暖的地方循环到体表的皮肤,从而驱走寒冷。体内的热量仅仅是传递给从体表返回的血液,而不会将温度散发到体外。

## 鲸是怎么抵御严寒的

我们都知道人的身体在水中很容易散热,那么,在酷寒的极地,鲸是怎么抵御严寒的呢?原来,鲸有着神奇的热交换系统,从而维持恒定的体温。另外,鲸厚厚的脂肪层也可以帮助它们抵御严寒。这层脂肪不仅能御寒,还是它们的能量储藏库。一旦它们食物匮乏,这层脂肪就能为它们及时补充能量。

### 奇闻逸事

蓝鲸是一种海洋哺乳动物,它们分布在南、北半球的海洋之中,尤其是在南极附近的冷水之中。它们的体长有30米左右,体重为150~180吨,大约相当于30头大象的重量。更令人震惊的是,它们的舌头上竟然可以站50个人,血管粗得能让一个3岁的孩子在其内部自由移动。不仅如此,它们还是一种"大嗓门"动物,可以用一种低频率的声音和同伴们联络。

## 陆地上的极地动物怎么抵御严寒

　　北极熊、北极狼等都有厚厚的毛皮，能帮助它们很好地阻隔外界的严寒，因为空气的热导性很差。你知道为什么人们穿羊毛制成的衣服会感到暖和吗？这并不是因为羊毛暖和，而是羊毛和皮肤之间有一层空气，从而发挥保温的作用。当身体产生热量时，不会快速被散发，所以人们会感到暖和。

## 体型庞大的极地动物

　　当然，还有一部分极地动物要比温暖地区的同类的体型大许多，这是因为动物身体的表面积和体型大小有直接关系，动物的体型小，身体的绝对表面积就小。反之则相反。对于体型小的动物，它们产生的热量不多，但散热却很快。所以，北极熊的体型比温暖地区的熊的体型大很多。

## 极地植物的处境

　　每到极地冬季来临前，那里可以迁徙的动物会迁徙到温暖的地方。可是，对那里的植物而言，等待它们的却只有酷寒。它们只能无可奈何地守卫着自己的家园。南极大陆是地球上最寒冷、最干旱的大陆，对大多数生命而言，那里无疑是"死亡之地"。由于当地温度极低，无冰的岩石无法被风化成土壤，最终会被风吹走。在这样恶劣的环境下，极地依然生长着顽强的植物，如地衣和苔藓。

# Part 1 不一样的极地世界

## 极地和人类之间的秘密

尽管人类距离极地很远，可是人类和极地毕竟同在一个地球上。那么，你认为极地气候会影响人类的生存和发展吗？极地还有什么秘密呢？

### 北极海冰和中国气候

由于全球气候变暖，导致北极海冰减少，海气相互作用加强，西风急流减弱，极涡增强，冷空气更容易南下，影响我国气候，使寒冬和暴雪频发。

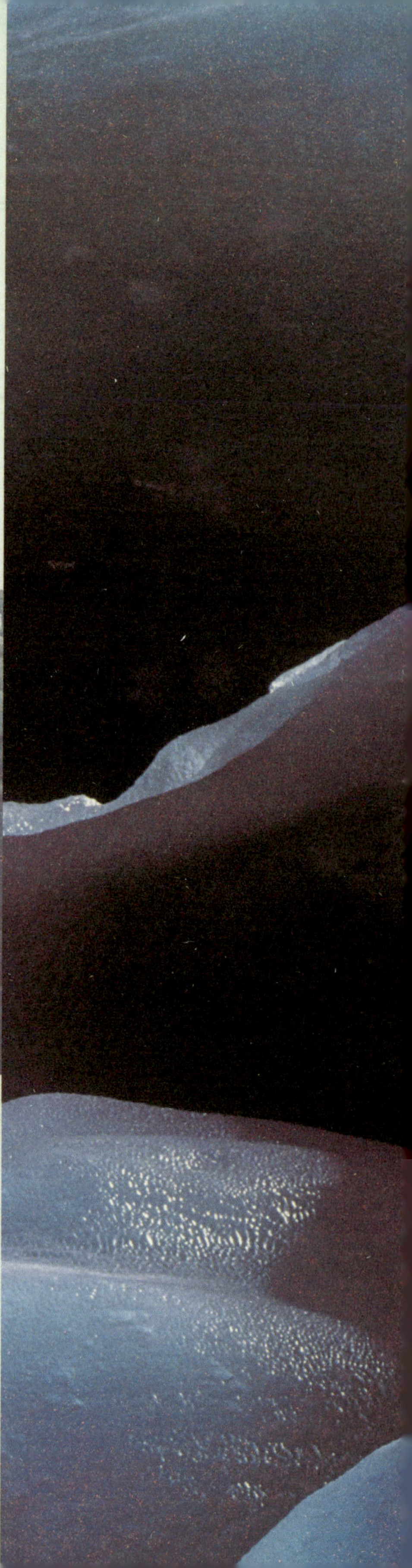

### 极地气候和生态变化

由于全球气候变暖，南极洲和北极地区的冰层和冻土也受到了影响。北极地区的冻土层在融化，雨雪融水会侵蚀地表，从而出现了沼泽和不规则的地貌。与此同时，水中的营养物质明显增加。另外，冻土融化还会导致有机物中释放碳。对南极洲而言，气温升高会导致冰川融化、海平面上升，冰川融化释放的淡水还会改变海洋的盐度与温度，对海洋生态系统造成严重影响。

## 冰雪中的细菌

美国蒙大拿州立大学教授约翰·普利斯库是南极微生物研究方面的开拓者,他指出,在南极冰层中蕴藏着南极的历史。他曾在古老的冰芯中发现了活着的细菌,它们距今已有 42 万年的历史。可见,当冰雪融化后,这些细菌将会重见天日。那么,它们对人类的影响会是什么呢?

## 大量甲烷气体被释放

当冰层快速融化后,那些没有被冰封的有机物会暴露到空气中,它们开始腐烂。如此一来,大量的二氧化碳和甲烷会被排放到空气中。一旦它们进入大气层,很可能引发一系列的不良效应。不仅如此,大量的微生物会涌入海洋,对海洋构成威胁。

> **开动脑筋**
>
> 美国科学家在南极冰层中发现了活着的细菌。这种细菌距今已有多少年历史了?

Part 1 不一样的极地世界

海洋探秘系列 极地探秘

# 极地里的风暴

小时候，老师教我们唱关于一级至十二级风的顺口溜："一级轻烟随风偏；二级轻风吹脸面；三级叶动红旗展……"所以，对于风我们并不陌生，不过，你知道极地的"风"是什么样子的吗？

### 一起领略南极的风暴

在生活中，相信很少人见过12级的风，12级风的风速能达到32.7～36.9米/秒。不过，对南极来说，12级的风简直是"家常便饭"。在南极半岛、罗斯岛和南极大陆内部，风速常常达到55.6米/秒以上，有时甚至达到83.3米/秒。当地每年发生8级以上大风的时间大约有300天。

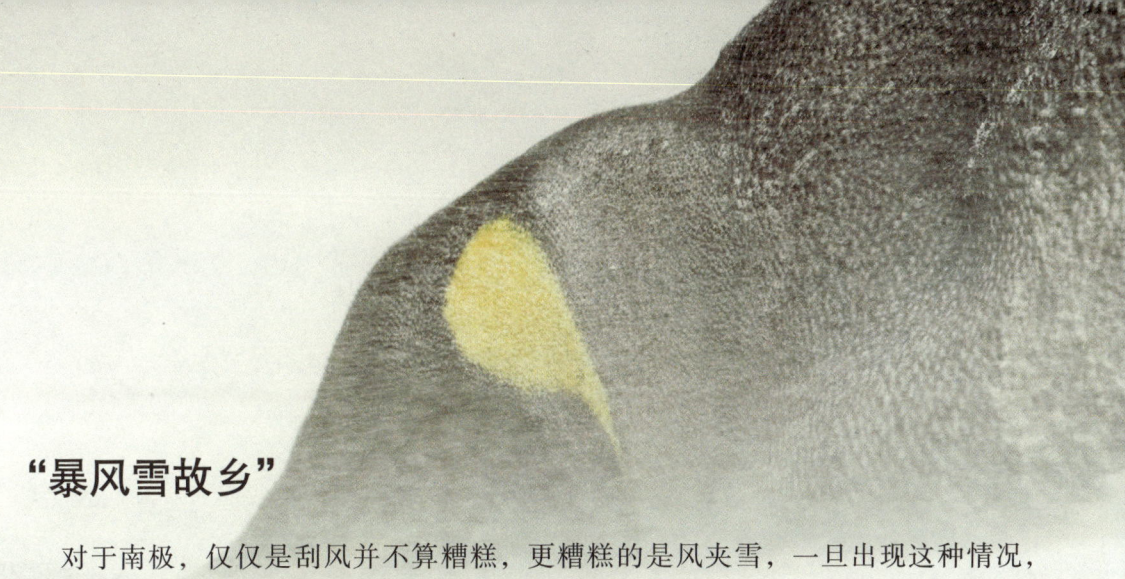

## "暴风雪故乡"

对于南极，仅仅是刮风并不算糟糕，更糟糕的是风夹雪，一旦出现这种情况，那就非常危险了。你知道吗？南极还有另外一个名字——"暴风雪故乡"。一旦暴风雪来临，南极就如同一个恐怖世界，随时会夺取人或其他生物的性命，输掉南极探险竞赛的罗伯特·斯科特和他的大部分队员就是丧命于南极暴风雪中。南极暴风雪也是南极科考人员最可怕的敌人，许多科考队员因暴风雪而遇难。

## 南极科考人员备受狂风考验

在南极，科考人员不仅要面临酷寒的气候，还要备受随时发作的狂风的考验。为了确保科考人员的安全，南极各国科学考察站规定，狂风四起时，科考人员禁止外出。平时至少要两人结伴而行，每人都有登山包，里面装有睡袋、电话、食品等。另外，在南极边缘各地建立了大大小小的"避难所"，里面放着日常生活必需品。避难所不上锁，也不分国籍。

为了使科考人员不致于在暴风雪中迷失方向，各国科考站主要建筑物之间的道路上会埋设标桩，拉上粗粗的绳子。遇到暴风雪时，科考队员们可以扶着绳索行走，以防被暴风雪刮走，南极科考队员把这些绳索叫作"南极救命绳"。

### 🔬 海洋万花筒

每年3月，正值南极冬季，帝企鹅开始找地方孵卵了。6月雌帝企鹅产下一枚卵，雄帝企鹅小心翼翼地接过孵卵的重任。此时，雌帝企鹅要离开繁殖地前往浮冰区生活2个月。在这段时间内，雄帝企鹅需要独自面对南极严酷的冬季。此时，暴风雪正以200千米/小时的速度席卷而来。雄帝企鹅为避免热量损失，它们会密密麻麻地挤在一起，后背对外形成一个圆圈。

Part 1 不一样的极地世界

## 为什么南极会频发风暴

　　为什么南极会频发风暴呢？原来这一切和南极的气候、地形息息相关。南极大陆冰盖如同一块"铁饼"，从而形成中心高原和沿海地区之间的陡坡地形。内陆的低气温使空气密度较大，以至于斜坡出现了下滑，一旦进入沿海地区，这种地势就会呈陡然下降的趋势，从而加大冷气下滑的速度，进一步形成"风驰电掣"的下降风。

### 奇闻逸事

　　在加拿大纽芬兰岛的南面、新斯科舍半岛的北面有一股寒冷、密集的海流。当这股寒流振动时，会形成强烈的风暴。风暴会将泥沙卷起来，如同密集的云团一样。此时，人们从海底取出的水十分混浊，和美国密西西比河三角洲的水质有一拼，可见那里曾发生过海底"风暴"。

## 北极会出现风暴吗

北极也会出现风暴，只是它远不如南极的风暴那么猛烈。不过，北极的暴风雪却让人闻之色变。由于北极受冰岛低压以及阿留申低压的影响，在阿拉斯加北部沿岸等地经常会出现暴风雪的天气。当然，生活在那里的人们也摸清了暴风雪的规律，学会了简单预测天气状况。另外，人们还会通过观察动物的动静来判断天气的变化。这些都可以帮助人们有效躲避暴风雪的袭击。

## 什么是南极"地吹雪"

你听过"风极"吗？那是南极的另外一个称呼，因为南极大陆是风暴最频繁、风力最强的大陆。每逢风暴来袭时，南极冰盖上的积雪就会被刮起，它们有的沸沸扬扬地在空中曼舞，有的在冰面上横行肆虐，那场面有点像"吞天沃日"的架势，所以，人们就称它为"地吹雪"。

Part 1 不一样的极地世界

海洋探秘系列 极地探秘

## 极地气旋

说到极地风暴，就不得不提极地气旋。气旋有很多种形式，风暴就是其中的一种。此外，极地气旋还给南极科考人员造成了许多影响。

## 什么是气旋

气旋是一个气象学的术语，是指地球的北（南）半球里，大气里的水平气流呈逆时针或顺时针旋转的大型涡旋。气旋是由于不同密度之间空气发生流动而产生的。气旋中心气压比周围低，从气压的角度来说，气旋可以算是低气压。

## 什么是极地气旋

极地气旋也叫极锋气旋或极锋，是一种在南极大陆形成的低压气旋。这些极地气旋一般非常有规律地从西往东移动，对南极的天气造成很大影响。按极地气旋移动和影响天气的特点，可将其路径分为正面影响南极半岛的北端路径、偏南路径和偏北路径。

## 极地气旋对人类的影响

极地气旋的强度非常大，常常会引发南极地区的暴风雪，给南极科考人员造成不良影响。根据我国南极科考队在长城站的历史资料来看，南极西部的极地气旋平均每月有7次给长城站带来了灾害性天气。

## 极地气旋造成了哪些灾害

极地气旋可以造成大风、雨凇等天气。以我国的长城站为例，这类天气会使长城站的气温明显下降。一般情况下，气温在 12 小时下降 6~8℃。如果极地气旋后较强冷空气爆发，长城站的温度可以在 12 小时下降 10℃ 以上。风力则能达到 12 级以上。

## 极地气旋的特点

极地气旋的活动和季节的关系很大。极地气旋在夏天比较活跃，数量比较多，在冬天，极地气旋的数量则比较少。不过，当南极冬天的强冷空气爆发时，极地气旋的数量明显增多。极地气旋的平均移动速度为每小时 29.9 千米，平均每天能移动 14.4 个经度。

## 极地气旋的高频区

南极大陆高压的周围常年存在许多极地气旋，它们有规律地自西向东移动。气旋生成和消失的高频区一般为威德尔海、罗斯海、别林斯高晋海和普里兹湾等海区。

海洋探秘系列 极地探秘

Part 1 不一样的极地世界

# 不同寻常的极地季节

说起季节，我们最先想到一年有四季：春、夏、秋、冬。不过，极地的季节又是什么样的呢？难道它也有四季吗？当然不是啦，由于极地的气候特殊，所以那里的季节转换并没有那么明显。那么，接下来让我们一起走进极地的季节吧！

## 🔆 海洋万花筒

南极有着冰原气候，那里终年酷寒、干燥、狂风不断。为什么南极会出现这样的气候现象呢？这是因为白色冰面对太阳辐射的吸收能力较弱，加之地面反射能力强，以至于南极处于酷寒之中。与此同时，南极大陆四周有充满寒意的南极环流降温减湿，使南极气候更加干燥。另外，南极受极地高压影响，被冰雪覆盖，对风的阻力减小，所以风力较大。

## 地球不同地带的季节划分

地球的赤道上没有明显的季节变化，那里终年处于炎热的酷夏。温带四季分明，北半球的3—5月是春季，6—8月是夏季，9—11月是秋季，12月至翌年2月是冬季，而南半球反之。生活在温带的人们可以感受到四季变化，体验春、夏、秋、冬带来的不同温度，不过，极地却没有温带那样明显的四季。

20

## 南极是怎么划分季节的

南极的季节只有两季，分别是寒、暖两季，一般4—10月是寒季，11月至翌年3月是暖季，可见寒季要比暖季漫长一些。另外，在南极点附近，寒季是极夜，在南极圈附近，你会看到绽放光彩的极光，而暖季刚好相反，在南极点会出现极昼。

## 南极也曾有美丽的春天

大约在2亿年前，南极洲和非洲、印度等是一个衔接在一起的古陆块，它们共处于热带和亚热带，当地有热带植物，雨量充沛。后来，这个古陆块分裂，南极洲朝着地球最南端漂移，一直到极地位置。那里气温低下，渐渐地，降雪不融，积冰不化，再到后来就成为我们所看到的冰雪天地。

海洋探秘系列 极地探秘

Part 1 不一样的极地世界

## 北极是怎么划分季节的

北极的季节虽然划分得不那么完美，但却有着四季之分。冬季为 11 月至翌年 4 月，剩下的 6 个月则是春、夏、秋三季。从每年的 11 月 23 日开始，北极的温度会骤降到 –50℃左右。翌年 4 月天气回暖，五六月，四处一片欣欣向荣。北极的秋季较为短暂，另外，春、夏、秋三季的划分也不是泾渭分明的。

## 北极的气候特点

北极也是极地冰原气候，极地冰原位于极地以及附近的地区。北极整个冬季会处于极夜的状态。虽然夏季是极昼，但由于太阳是斜射的，所以吸收的热量较少，全年气候严寒，每天温度在 0℃以下。在受洋流和北极气旋等的影响下，北极最冷的地方并不在中央的北冰洋，而是在西伯利亚的维尔霍扬斯克以及奥伊米亚康等地。

### 奇闻逸事

北极有整整 6 个月是冬季，在这大半年的时间里，太阳都在地平线以下，所以，此时北极都是黑夜。在此期间，南极有 5 个月是暖季（4 月除外），太阳始终在地平线以上，此时都是白天。

## 北极的夏天不是一片白雪

对于一个没有去过北极的人来说，总认为北极和南极一样，那里是冰雪的世界。事实上，夏天到来时，北极地区的多年冻土区却并非只有白雪，那里还生长着一些植物，生活着一些动物。当然，对南极而言，那里即便有绿色世界，也不过是一些低等的苔藓或地衣罢了。

## 冰雪世界中为什么会有绿洲

当北大西洋暖流将低纬度海域的暖水沿着挪威海一路向北输送到北纬80°附近时，这一路上，北大西洋暖流可以使挪威海常年不结冰。与此同时，北大西洋暖流还带去了大量的水汽，为当地带去丰富的降水，从而使白雪世界中多了一点绿洲。

## 南、北极冰山的不同之处

大陆冰盖延伸入海形成了冰架，冰架断裂漂浮在海上形成冰山。南极海域的冰山多为桌状，体积比较大，主要是由覆盖在南极大陆上的大冰层末端逐渐塌陷而浮于海上所致。北极海域的冰山多呈塔状，体积较小。而格陵兰岛沿海的冰山在向南漂移的过程中往往形成极为壮观的北极冰山走廊。

# Part 1 不一样的极地世界

海洋探秘系列 极地探秘

## 极地地区独特的节日

我们国家有二十四节气，不同的节气中，人们会举行不同的活动去庆祝。那么，你知道极地一带的国家有什么和节气有关的节日吗？

## 仲夏节的篝火之夜

在靠近北极的国家，如瑞典、芬兰等，它们的冬季漫长。在6月24日前后，也就是仲夏节，当地日照最为充足。在仲夏节当天，北极圈内是没有黑夜的。所以，人们会在这一天迎接万物到来。点篝火是这个节日最重要的活动。有趣的是，篝火需要由一对新婚夫妇点燃，这早已成为不成文的规定。

## 仲冬节就要吃大餐

6月21日前后是南极最重要的节日——仲冬节。当太阳直射北回归线，这便是南半球的冬至，这一天过去之后，太阳会向南移动，夜晚变得越来越短，这也意味着一年中最艰难的时候过去了。各国科考人员就会将这一天当作盛大的节日庆祝。不过，南极的天气实在太冷了，人们便在室内举行美餐大赛或宴会。

### 海洋万花筒

在漠河北极村有一个独特的节日——夏至节。每年夏至这天，北极村的人们会前往黑龙江江边，他们点燃篝火，一边跳舞，一边等待极光的出现。对北极村而言，夏至这一天是白天最长的一天。夏至前后的几天内并没有严格意义上的黑夜，所以人们将夏至的北极村称为"不夜城"。

## 冰岛传统节日——帐篷节

每年的8月6日和7日，冰岛会全国休息两天。各家各户会开着自家的房车前往指定的郊外搭帐篷。大家在同一片草地上搭帐篷，将带着的食物放在一起畅饮聊天。晚上，他们还会点燃篝火、唱歌、跳舞，累了就在帐篷中休息。据说，这个节日已经流传了几百年。

## 丹麦人的复活节

每年的3月或4月初，即每年春分前后，丹麦人会过复活节，兔子和蛋是这个节日的象征。你一定会好奇，它们有什么复活的含义呢？众所周知，蛋可以孕育新生命，而兔子有很强的繁殖力，所以它们都被视作复活的象征。因此，在丹麦复活节期间，当地的商店内会出售各种小兔和彩蛋。

 开动脑筋

冰岛的帐篷节在什么时候？

25

# Part 2
## 奇妙的极地之旅

极地有太多神奇的地方，人们会过没有黑夜或白天的生活，会看到光芒四射、五彩缤纷的极光，还有冰盖、冰架、冰山……极地就是一个奇幻的地方，让人们惊叹不已。

Part 2 奇妙的极地之旅

海洋探秘系列 极地探秘

# 神奇的极昼和极夜

大家都知道，一年有四季之分，一天有昼夜之分。随着季节的变化，昼夜长短也会发生变化。不过，你有没有想过，地球上存在一天中太阳总是高挂空中或迟迟不露面的情况呢？

## 什么是极昼、极夜

极昼和极夜是地球两极的一种自然现象。那么，什么是极昼呢？它是指太阳总是高挂空中，这种现象也叫作永昼。极昼时，地球的两极地区一天之内太阳都在地平线以上，即昼长等于24小时。什么是极夜呢？极夜和极昼相反，那里的太阳总不露面，四处一片漆黑，这种现象也叫永夜。极夜时，地球的两极地区一天之内太阳都在地平线以下，即夜长等于24小时。

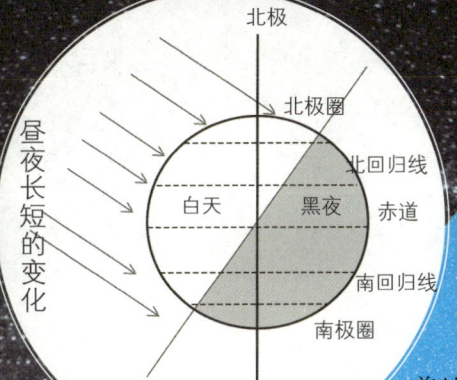

## 极昼、极夜产生的原因

极昼和极夜是地球沿太阳公转以及自身绕着地轴旋转出现的自然现象。当地球自转时,地轴会和自身垂线形成一个倾斜角,这个倾斜角就是黄赤交角。因此,当地球公转时,有6个月的时间中,两极中总有一极面朝太阳,而另一极则背对太阳,这就是极昼和极夜,这种神奇的现象只有极地有。

10月下旬,俄罗斯摩尔曼斯克市的市民沉浸在一片黑暗之中。

5月上旬,摩尔曼斯克市内的猫头鹰和蝙蝠会在"白夜"里飞来飞去。

极昼期间,蒲公英的幼苗破土而出,大概两天,遍地金花。

生活在极地的人们在子夜时分依然可以工作。

 海洋万花筒

俄罗斯摩尔曼斯克市是一个北极大港,它位于北纬68°58′,那里从10月下旬到翌年1月底,市民要经历漫长的黑夜才能"重见天日"。5月上旬,人们能享受长达3个月之久的极昼。在这漫长的季节中,猫头鹰、蒲公英等动植物充分利用短暂的时间生长。此时,即便是在子夜,人们都可以照常工作,这也是中国进行北极科考时选择夏季的原因之一。

29

# Part 2 奇妙的极地之旅

海洋探秘系列 极地探秘

## 极昼、极夜发生在哪里

极昼、极夜发生在南、北极圈内，在极圈上，极昼和极夜都只出现一天。每年南、北两极的极昼和极夜是交替出现的。随着纬度的升高，昼夜交替的时间也会随之改变。纬度越高，极昼、极夜的时间越长。极圈到极点之间，靠近极点的地方，极昼和极夜的时间大约是半年。靠近极圈的极夜和极昼时间长度约为一天。简单来说，极圈内的地区，纬度不同，极昼和极夜的长短也各不同。

## 漠河有极昼、极夜吗

漠河位于中国最北部，它被称为北极村。可是，漠河真的会出现极昼和极夜吗？答案是否定的。尽管它被称为北极村，可却并不是真正的极地。不过，由于漠河的纬度相对较高，冬夏昼夜变化较大。夏日，漠河白昼较长，尽管没有极昼现象，但会出现落日余晖和曙光衔接的情形。夏至前后，太阳会在漠河空中悬挂17小时之久。午夜的北极村天空泛白，既似傍晚，又似黎明。冬季的漠河有着漫长的黑夜，但尽管白天短暂，也不能将它和极夜混为一谈。

### 奇闻逸事

世界上被人们误认为有极昼、极夜的地方有芬兰的赫尔辛基，它在北纬60°附近，但它并不在北极圈内，而中国南极长城站处于南纬62°13′，在南极圈之外。无论这些地方的白天和黑夜有多么漫长，它们都不会出现极昼、极夜的现象。

## 极昼、极夜和季节的关系

你知道极昼、极夜和季节之间有什么关系吗？北极圈的极昼、南极圈的极夜出现在北半球的夏季、南半球的冬季。而北极圈的极夜、南极圈的极昼则出现在北半球的冬季、南半球的夏季。

## 位于南极圈、北极圈的国家

南极圈内没有任何国家，位于北极圈内的国家有美国、加拿大、丹麦、挪威、俄罗斯、冰岛、芬兰、瑞典。因为极圈内才会出现极昼、极夜现象，所以生活在极圈内的国家和城市都能感受漫长的白天和黑夜。

## 人们生活在极昼、极夜下的感受

在缓慢的极昼、极夜下，人们会真切地感受到日月极其漫长的流转，尤其是漫长的黑夜，人们可能会反复拉开窗帘，期待看到第一缕阳光。那么，在漫漫长夜中，人们要如何打发时间呢？既然无法像动物们一样冬眠，那不如趁着这段时间去欣赏美丽的极地景象吧，如极光。

Part 2 奇妙的极地之旅

海洋探秘系列 极地探秘

# 一起认识地球的运动吧

我们已经知道了地球的极昼、极夜现象是由地球运动所致，如地球的自转、公转等。接下来，让我们探秘地球的运动吧！

## 什么是地球自转

地球是一个运动着的球体。除了公转外，自转也是地球的运动方式之一。地球自转是指地球绕自转轴自西向东地转动。地球自转一周所花的时间是 23 小时 56 分 4 秒，这叫作恒星日。如果从北极点上空向下看，地球自转的方向是逆时针；可如果从南极点上空向下看，地球自转的方向则是顺时针。

## 什么是地球公转

地球公转是指地球在一定轨道内围绕着太阳转动。地球公转需要遵循一系列的规律，如地球公转周期、地球公转速度等。地球公转的时间是年，在地球公转过程中回归年和恒星年是两个较为明显的周期。回归年是指太阳连续两次通过春分点的时间间隔，又称为太阳年。1回归年为365日5小时48分46秒，这是根据121个回归年的平均值计算出来的结果。地球公转一周需要365日6小时9分10秒，这叫作恒星年。

## 地球自转、公转的特点

地球自转的圆心在地轴的正圆轨道上，地轴的北端始终指向北极星。在公转轨道上，地球在各个位置的地轴是彼此平行的，地轴北端也始终指向北极星。

## 地球的运动带来了"生命"

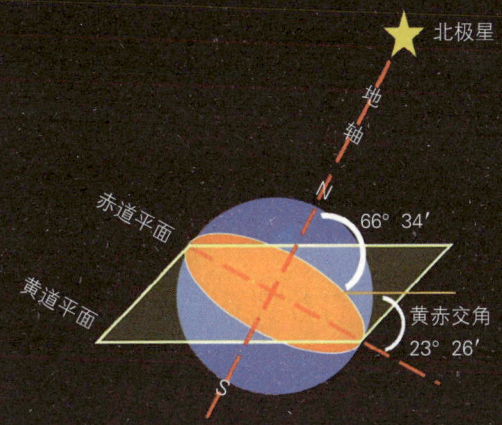

## 什么是黄赤交角

黄赤交角是指地球公转轨道面和赤道面之间的交角。地球围绕太阳公转的黄赤交角约为23°26′。正是因为黄赤交角的存在，所以地球上才有了四季、五带之分。

地球的运动带来了活力，也带来了四季分明。当然，地幔、地核的运动才是地球生机盎然的根本。地球内部的运动如同千千万万个"跷跷板"，它们的不平衡让地球有了动力，而"跷跷板"的动力是地球内部各个圈层之间因属性、万有引力等不同所致。如果地表的板块基本不动，那么从某种意义上来讲，地球"死"掉了。

**开动脑筋**

什么物质的运动才是地球生机盎然的根本？

海洋探秘系列 极地探秘

## Part 2 奇妙的极地之旅

# 如梦似幻的极光

当人们看到孔雀开屏时,一定会被它的美丽打动。在极地同样拥有这般的美丽——极光。当极光出现时,人们如同置身于如梦似幻的情境之中。在希腊神话中,极光代表的不仅是黎明的到来,更是大自然对人类的馈赠。

### 什么是极光

极光是一种光学现象。在极地,夜空中常会出现美丽的光带,人们将这些光带统称为"极光"。当极光在北极出现时,人们将它称为"北极光";当极光出现在南极时,人们则将它称为"南极光"。

### 🔬 海洋万花筒

太阳风带着大量带电粒子进入地球磁层的尾部,如同发生了粒子洪流一般,它们纷纷冲进地球大气层中,与大气中的氧、氮等分子或原子相互碰撞,从而产生颜色各异的极光。在此期间,南、北极光会向低纬度方向延伸,所以一些低纬度地区的人们也常有幸一睹极光的风采。

## 极光是怎么产生的

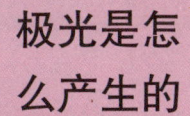

极光的形成和地球磁场、太阳的活动、高空大气等因素息息相关，而太阳则是极光之源。太阳是一颗能释放大量光和热的恒星。太阳上层大气射出的超声速等离子体带电粒流（太阳风），会以最快的速度向空间射出，当它们抵达地球时，会和地球大气层外围的气体分子相互碰撞，从而出现发光现象。

## 你知道极光的分类吗

根据极光的性质，可分为弥散极光和分立极光。根据极光的形态，可分为匀光弧极光、射线式光弧光带极光、射线式光柱极光、帘幕状极光、极光冕等。根据极光发生的区域，可分为极盖极光、中纬极光红弧、极光带极光等。根据极光激发粒子类型，可分为质子极光、电子极光等。根据极光观测的电磁波波段，可分为无线电极光、光学极光等。

海洋探秘系列 极地探秘

# Part 2 奇妙的极地之旅

## 在哪儿能看到极光

极光一般出现在南北两极的高纬度地区，但有时也可以在中、低纬度地区看到。地球磁场形如"漏斗"，尖端对着地球的南北两个磁极，在地球磁场的作用下，太阳发出的带电粒子沿着地球磁场这个"漏斗"沉降，进入地球的两极地区，两极的高层大气受到太阳风的袭击后会发出光芒，形成极光。但有时因为太阳耀斑爆发，地球磁场受到扰动，也会扩大极光形成的范围，此时，人们就可以在地球的中、低纬度地区看到极光。

## 极光有哪些种类呢

在千变万化的极光中，科学家根据极光形状特点的不同，将它们划分为5类：

极光弧，这种极光的底部相对整齐，呈圆弧状。
极光幔，这种极光就像面纱一样，呈帷幕状。
极光片，这种极光如同云朵一样，呈片朵状。
极光芒，这种极光会沿着磁力线方向呈射线状。
极光带，这种极光如同飘带。

### 奇闻逸事

极光虽然很美，却也会给人们带来干扰。极光的高能粒子可以使罗盘失效，从而让卫星运动失常。1989年3月13日，一场由太阳引发的地磁风暴曾让加拿大魁北克的居民遭受了断电之苦。

## 为什么大部分极光是绿色的

大气中的气体成分以氮气和氧气为主，它们决定了极光的颜色。氧原子有8个电子，不同轨道上的电子携带的能量各不相同。距离原子核越近的电子，能级越低。当电子处于激发态，极不稳定，它们会再次释放能量，从而进入低级轨道。在距离地面10万~15万米的高空，电子逗留在第一激发态时，就能放出绿光。在距离地面15万~25万米的高空，即便电子吸收能量，它也只能跃迁到第一激发态，如此一来，当电子靠近原子核轨道，就会发出红光。因此，中等纬度地区的极光以绿色为主，高纬度地区的极光以红色为主。

## 为什么南极光和北极光不一样

虽然南极光和北极光都能发出梦幻般的炫目色彩，但它们还是有不同之处。有时候南北半球极光互为镜像，有时候也不完全对称。

## 美妙的极光现象

自古以来，极光便被文学家极力描绘。在寒极的夜晚，人们会在夜空中看到粉红色、淡黄色组成的彩幕，它们飘动着，变换着颜色、形态，让人仿若置身仙境。更令人不可思议的是，"高空闪电"造成的极光，可以像闪电一样，发出噼啪声和咝咝声。

海洋探秘系列 极地探秘

Part 2 奇妙的极地之旅

## 关于极光的传说

极光是人们看到的最不可思议的自然景象。自古以来,极光就被人们视为神秘的天象。很多个世纪以来,不同地方的人有着关于极光的不同传说。

## 极光在中国的传说

根据我国古书《竹书纪年》记载,距今大约3000年以前,也就是我国历史上的周昭王统治时期,夜空中出现了"五色光"。科学家们推断,发生这一现象的时间大约为公元前977年或公元前957年。科学家们还发现,这次看见"五色光"的时间,与一场大型地磁暴发生的时间一致。科学家们认为,书中所记载的"五色光",无疑就是现代人所说的极光。

## 极光在国外的传说

在古代欧洲存在一些关于极光的传说。"极光"这个词起源于拉丁文"伊欧斯"。"伊欧斯"是希腊神话中"黎明"的化身,是十二泰坦之一的许珀里翁和忒亚的女儿。在罗马神话故事里,"极光"起源于织架女神和曙光女神"欧若拉",是欧若拉掌管着极光。

## 欣赏极光的好地方

从极光的形成来看，观赏极光的最佳位置并非在极区，而应在极光卵区域，如西伯利亚、冰岛南端、加拿大北部、阿拉斯加等北极光区。需要注意的是，阿拉斯加的费尔班更适合看极光，它有"北极光首都"的美称；在南极光区可以更好地欣赏到南极光。我国漠河只有在发生强烈的地磁暴时，才能欣赏到极光。

## 提前判断地磁暴出现时间

在地磁暴发生期间更容易出现极光。那么，人们要如何判断地磁暴出现的时间呢？首先，我们先了解一下地磁暴产生的缘由。它是由日冕物质抛射或冕洞高速流引发的。一般日冕物质抛射后 1～3 天就能抵达地球，冕洞高速流大约每 27 天循环一次，因此，我们可以根据这些规律，判断地磁暴出现的时间。

## 极光给人类带来的危害

虽然极光很美，但它不过是太阳风暴带来的副产品，我们更应关注它带来的危害。你知道吗？极光越绚烂，也就意味着地磁暴越激烈。在这个过程中很容易干扰电力传输线，从而导致某个地区的电力供应中断。另外，带电粒子在冲击地球高层大气时，会导致大气膨胀，从而增大了卫星的空气阻力，缩短卫星的使用寿命。

 **开动脑筋**

我国古书《竹书纪年》记载中的极光大约发生在多少年前？

海洋探秘系列 极地探秘

Part 2 奇妙的极地之旅

# 冰盖、冰架和冰山

在极地不难看到冰盖、冰架和冰山,你知道它们是什么吗?它们是怎么形成的?对于它们,你了解多少呢?让我们带着疑问出发吧!

## 什么是冰盖

冰盖是指被连续的冰川覆盖了超过5万平方千米的陆地,因此,又称大陆冰川。目前,地球上的冰盖只有南极冰盖和格陵兰冰盖。有趣的是,冰盖表面是寒冷的,但是它的底部却相对温暖。另外,南极冰盖是世界上最大的冷源。当它融化后,海平面大约会上升60米。

40

## 暗藏杀机的冰盖

或许你认识冰盖之后，会觉得它和一般的冰块一样，并没有什么特别之处。当你细细观察时，就会发现冰盖因受到寒风的雕琢，上面形成很多雪垅，就像黄土高原上的沟壑一般。千万不要小觑这些雪垅，它们暗藏杀机。南极冰盖上的冰裂缝实则是坑人的陷阱，是冰川流动错位所致。

> **海洋万花筒**
>
> 自20世纪50年代以来，全球平均温度上升了2.4℃，南极西部冰盖在气温上升的过程中加速融化，相关科研人员表示，如果南极西部冰盖完全融化，全球海平面至少会上升3.3米。

## 南极冰帽

在南极大陆上大约有98%的区域被巨大的冰体覆盖，人们称其为南极冰盖。南极冰盖覆盖面积约为1398万平方千米，厚度为2000～2500米。它看起来就像一顶帽子，所以，人们又称它为南极冰帽。你不要以为南极冰盖是一个笨拙的家伙，其实它是流动的。南极冰盖本身重力巨大。在终年不歇的狂风作用下，冰层会向中心高原四周运动。这种运动是缓慢的，肉眼难以发现。

海洋探秘系列 极地探秘

**Part 2 奇妙的极地之旅**

## 藏在冰盖下面的"史册"

冰盖如同一部"史册",人们可以从其中发掘原始生命的密码。科学家们在研究冰盖时,通过在钻取的冰芯样品中测出冰川的年龄以及形成过程,让人们了解到古时候的气候、环境等。中国在第26次南极考察中,在南极的"冰盖之巅"中钻取了一支冰芯,在研究这支冰芯的过程中,洞察了五六千年的地球变化。

## 什么是冰架、冰山

冰架就是陆地冰伸展到海洋中的那部分,一般分布在两极,它们的大小不一。如果说冰架是冰盖的延伸,那么,冰山就是冰架的延伸了。在南极四周有数不清的冰山。冰山会随着洋流漂到南方,最后融化。另外,冰山不仅能在海上漂移,还能翻转、分裂等。

### 奇闻逸事

1912年4月10日,"泰坦尼克"号从英国的南安普敦出发,前往美国纽约。在4月14日深夜,这艘号称"永不沉没"的巨型轮船因撞上了冰山而葬身海底。船上有2224名旅客,只有705人生还。这次事件是人类史上最大的海难之一,造成这场事故的根本缘由是船上的工作人员没有及时发现航线前方出现冰山。

## 南极拉森 C 冰架崩解

2017 年 7 月 10 日到 12 日，一座冰山和南极大陆冰架脱离。这座冰山的面积近乎上海市的土地面积，厚度约 350 米。这座冰山本属于南极半岛的拉森 C 冰架，它位于南极半岛边缘、威德尔海的西北方，是世界上第四大冰架。

### 为什么冰架会崩解

当这座冰山从拉森 C 冰架脱离之后，人们猜测它的崩解和全球气候变暖有关。不过，有专家认为，这不过是地理事件。在他们看来，南极冰盖的加积和崩解是南极水循环的一种形式。当然，任何一个孤立的地理事件背后都存在气候因素。全球气候持续变暖也导致南极冰盖以及冰架一直处于融化、崩解的状态。

### 崩解、融化带来的影响

冰山脱离冰架之后，会在洋流和风的作用下运动。像这座从拉森 C 冰架上脱离的冰山，需要三五年才能彻底融化。毋庸置疑，它会对所在地的气候、海洋生态等产生影响。与此同时，在洋流和风的推动下，冰山还会继续朝着南美洲方向运动，从而威胁到附近的航运。

## 地球上冰的其他形态

世界上有各种各样的冰,在了解冰盖、冰山等的特性后,让我们继续了解世界上其他不同类型的冰,揭晓其中的奥秘吧!

### 冰帽和冰原

冰帽是一种圆顶状的冰体,它们覆盖的陆地面积小于 5 万平方千米。一般情况下,它们出现在极地。在冰岛东南部有一个欧洲最大的冰帽——瓦特纳冰川,它的覆盖面积是 8100 平方千米,厚度约为 400 米。冰原的大小及分布和冰帽十分相似,它们的唯一区别就是冰体流动的方式。冰原受地形影响,而冰帽不受地形影响。

### 冰流

冰流是指大陆冰盖溢出冰川中流动速度快于其两旁冰体的部分。世界上流速最快的冰川是格陵兰岛的雅各布港冰川,它有时会被归为冰流。2014 年《冰雪圈》期刊中的一篇文章中介绍,雅各布港冰川每年的移动速度是 17 千米。

### 海冰

海冰就是海水冻结形成的咸水冰,是固体冰和卤水等组成的混合物,其盐度比海水低 2‰~1%。在极地海洋中常常能看到海冰,其他地方的海域在冬天有时也有海冰生成。每年海冰的覆盖面积为 2500 万平方千米。对极地的生态系统而言,海冰发挥着重要的作用。它们可以降低波浪、风的作用,减少海岸线的冰架、冰川受到的侵蚀。在夏季,海冰融化之后,可以将营养物质归还给海洋,刺激浮游植物的生长。

## 冰混合物

海流和海风无法将冰块移出峡湾，从而使海冰、冰山以及小型的浮冰沉积其中，于是便形成了冰混合物。它们被认为是世界上最大的颗粒物质。冰混合物不是固体冰，温暖的海水可以通过冰混合物渗透到冰川表面，这也意味着冰混合物会影响冰川断裂。

## 雪球地球

你听过"雪球地球"吗？大约在7亿年前，我们的星球经历了一段非常寒冷的时期，地球表面从南极到北极，所有的海洋都冻结了，持续了几百年，当时的地球就被人们称为"雪球地球"。在这段冰冻时期，地球上的平均温度为-50℃，水循环也终止了。后来，随着大气中二氧化碳的增加，气温随之增加，这才重新启动了水循环。

### 开动脑筋

地球变成"雪球"的根本原因是什么？请查阅相关资料作答。

# Part 3
# 冰雪中的动物们

你能想象出动物们在冰天雪地中觅食的情形吗?没错,在极地这一幕比比皆是,如北极熊、驯鹿等,它们在极地寒冷的环境中生活,让我们看到生命的顽强!

Part 3 冰雪中的动物们

海洋探秘系列 极地探秘

# 北极熊：极地霸主

提到北极，你首先会想到什么呢？极光？冰山？或许每个人的答案各不相同，但可以确定的是，你一定还会想到北极熊，因为它们是北极的"主人"哦！北极熊身上有很多有趣的故事，让我们一起去探索吧！

## 为什么北极熊不怕冷

人们看到的北极熊都穿着厚厚的"白衣服"，也正因如此，才能让它们抵御北极的酷寒。其实，北极熊身上长着两层毛。外层是一种富含油脂的针毛，这样，它们在游泳的时候可以避免海水渗入毛中。里层有一种绒毛，如同我们的羽绒服一样，可以为北极熊保暖。更有趣的是，北极熊的毛很特别，它们像一根根空心管，有利于吸收阳光，为北极熊储备热量。

48

## 关于北极熊毛发的秘密

在人们的印象中，北极熊长着一身白色的绒毛，所以，有人称它们为"白熊"。其实，北极熊的毛发不是白色的，而是透明的。它们的毛发是由角蛋白组成的，在反射作用下，毛发看上去是白色的。让人大跌眼镜的是，北极熊的皮肤是黑色的！你有没有震惊到呢？另外，北极熊在进食时，极易把毛发弄脏。所以，在没有水的情况下，它们会把头和肚皮贴在雪地上，通过匍匐前进的方式来清理身上的污渍。

## 北极熊是出色的游泳健将

北极熊给人们的印象是十分笨重，人们无法想象它们在水中拥有矫健的身姿。北极熊在出生后就跟着妈妈学习游泳了，它们有宽大的脚掌，可以用力划着水面。它们体内储存的脂肪可以让它们漂浮在海面上。在寒冷的北冰洋中，北极熊可以一口气游四五十千米。

### 海洋万花筒

北极熊的身体结构使它们十分适合在海水中生活，可以说它们终生都在和海水打交道，它们在那里获取丰富的食物，这也使它们拥有熊类中最强的游泳技能！

海洋探秘系列 极地探秘

**Part 3 冰雪中的动物们**

## 北极熊可以站起来

人们看到的北极熊似乎都是用四肢爬行,其实它们可以"站"起来。很多时候,北极熊会用后肢在冰雪中直立行走。通常,北极熊"站"起来的身高在3米以上,它们可以将一望无际的冰原一览无余。

## 浮冰上的北极熊

北极熊生活在北极,它们的活动范围集中在北冰洋周围的浮冰海域。你瞧,一只北极熊正在冰面上寻找海豹的呼吸口,它耐心地等待着,直到海豹露出头换气,它展开了袭击……不过,随着全球气候变暖,浮冰的数量逐渐减少,北极熊的栖息地也越来越少。随着时间的推移,北极熊很有可能因为找不到食物而饿死或溺亡。

### 奇闻逸事

2020年10月20日,在俄罗斯北部一座城市的路上,一辆垃圾车因抛锚停在了路上,一群北极熊出来觅食,纷纷涌到垃圾车旁,即便司机多次鸣笛,它们也依然不肯离开。据有关部门称,由于冰川消融,垃圾成为北极熊的食物来源之一。

## 北极熊是完全的肉食主义者

北极熊是北极霸主,它们是生活在冰天雪地的凶猛而顽强的物种。一只成年雄性北极熊的体长约为2.6米,体重可达800千克。北极熊不仅高大、威猛,它们还有敏锐的听觉和视觉,它们的行动速度也非常快,大约为16米/秒。它们还有和铁钩一样的熊爪、利刃一般的熊牙,这一切都决定了它们在北极的"霸主"地位!

## 读过"兵法"的北极熊

北极熊是一种十分聪明的动物,在面对猎物时,它们似乎并不愿意以简单、粗暴的方式去追捕。它们似乎在"兵法"上有所研究,更擅长用"守株待兔""掩其不备"的方式捕获猎物。北极熊通常守候在冰面上或浮冰上,当发现冰下或者海水中出现猎物时,它会迅速跳下,咬住猎物。另外,北极熊的耐力也令人敬佩,它们可以在猎物巢穴旁一动不动地等待着,一直等到猎物成为它们的口中餐。

## 冬眠的北极熊

当北极进入冬天时,北极熊也要准备冬眠了。所以,科考人员在严冬时节进入北极时很少能发现北极熊的踪迹。因为它们躲在避风的地方睡着啦!冬眠状态的北极熊呼吸变得很慢,它们可以长时间不吃东西。它们看上去似乎沉睡不醒,实际上处于半睡半醒的状态。一旦感受到危机,它们便会惊醒,可见北极熊的警惕性非常强。

海洋探秘系列 极地探秘

**Part 3 冰雪中的动物们**

## 北极熊不为人知的一面

北极熊给人们的印象有凶狠、庞大、威猛……其实，北极熊也有温顺、可爱的一面。

### 北极熊宝宝出生啦

北极熊宝宝在冬季出生，一般是双胞胎。刚出生的北极熊就像一只小老鼠，它们的体长大约为20厘米，体重为600～700克。这与成年的北极熊形成鲜明对比，此时，也让人们忘记了成年北极熊的凶残，只沉浸在对北极熊宝宝的喜爱之中。

### 雌性北极熊独自孕育后代

北极熊总是独来独往，即便是养育后代，它们也只共同生活1个月左右。当雌性北极熊受孕之后，雄性北极熊便会离开它，只留下雌性北极熊独自养育后代。这也让北极熊从小就培养了独立生存和警惕性高的能力。

### 雌性北极熊对孩子的保护

虽然北极熊十分残忍，可是它们对自己的孩子却百般温情。当小小的北极熊可以觅食时，北极熊妈妈会时刻待在孩子身边，并保持警惕，以便随时应对想要抢掠孩子食物的敌人。当冬天来临时，北极熊妈妈会抱着小小的北极熊冬眠，那画面实在感人至深。

北极熊透过铁丝网，好奇地看着北极科考队员，目光似乎探索未来。

## 充满好奇的北极熊

北极熊在冰天雪地中除了捕猎、嬉戏外，似乎也没有其他的乐趣了。它们也感到孤独、寂寞。所以，它们对新奇的事情总是充满好奇。当科考队员进入北极时，它们总是好奇地观察着人类，尤其是人类背着的各种装备让它们倍感有趣。它们经常研究很久后才恋恋不舍地离开，再次回到属于它们的冰雪世界中。

## 向人们招手的北极熊

在北极的斯瓦尔巴群岛，人们曾发现一只非常可爱的北极熊。每当有过往的行人，它总会和人们打招呼。瑞典著名摄影师汉斯·斯特兰德拍摄下了这一幕。当时，他正在船上拍摄外景，忽然看到不远处的雪地上，一只北极熊"站"立着朝船上的人们挥手。它的样子憨态可掬，有趣极了。它挥动着肉肉的熊掌，人们欢呼着。它一直站在那里，面对着人们的镜头，似乎很享受人们对它的热情。

### 开动脑筋

北极熊是哺乳动物吗？为什么？

**Part 3 冰雪中的动物们**

海洋探秘系列 极地探秘

# 北极狐：雪地精灵

在北极生活的动物中，不仅有身材魁梧的北极熊、狡猾又凶残的北极狼，还有一种身材比较娇小，却有着一副美丽皮囊的"雪地精灵"，它就是浑身雪白的北极狐。

## 变色的本领

北极狐的毛发并非一成不变的纯白色，为了更好地伪装自己，北极狐的毛发会在春天开始，逐渐由白色变成青灰色，到了夏天以后，颜色开始固定。然后，从秋天开始，北极狐的毛发再次开始变色，慢慢地变成白色，到了冬天，它们的毛发已经变成纯白色了。北极狐之所以变换毛发的颜色，是为了更好地适应不同季节的周围环境，因为在它们生活的苔原地区，春天稀疏的草地与北极狐青灰色的毛发能够融为一体，使那些捕食者很难发现它们。

## 在洞穴里躲避

北极狐是十分狡猾的动物,它们会在北极苔原地区的丘陵地带寻找一个避风的地方挖洞,躲避天敌的捕猎。北极狐也会"狡兔三窟",它们的洞穴会开数个洞口,这会让它们有极大的安全感,也能在遇到危险的时候快速逃出洞穴。

## 养育幼崽

北极狐会在每年的3月生下幼崽,因为此时气温回暖,春季到来后,食物也逐渐丰富起来。一只雌性北极狐每一胎能生下8～10只幼崽,然后会在2个月内给幼崽哺乳,在这一时期,小北极狐的爸爸会外出捕猎,小北极狐长到5～6个月大时,它们就可以单独捕猎了。小北极狐长到10个月大时就算成年,可以生育后代了。

### Part 3 冰雪中的动物们

海洋探秘系列 极地探秘

## 迁徙到远方寻找食物

　　北极狐与欧亚大陆上分布较广的赤狐是同属动物。赤狐生活在森林和草原地带，那里的各种鸟类、蛙类、鱼以及小型爬行动物都比较丰富，因此赤狐不用为食物发愁。但是北极狐的生活环境却比较恶劣，尤其是到了冬季，北极狐会面临食物匮乏的境地。所以，每年冬季到来前，北极狐就会向北极的外围迁徙，从冰雪覆盖的栖息地迁徙到几百千米外的地方寻找食物。

## 极强的嗅觉

　　北极狐如同其他犬科动物一样，有着极强的嗅觉能力。北极狐最爱的食物是旅鼠，它们可以顺着旅鼠的气味找到旅鼠的洞穴。如果北极狐找到了旅鼠的洞穴，它们会先将洞口的积雪清理干净，再将洞口扩大一些，最后奋力跳起，利用重力一次次地将旅鼠的洞穴压塌，最后将旅鼠一窝端。

### 🔬 海洋万花筒

　　北极狐在捕食旅鼠的时候，会在旅鼠洞穴的上方腾空而起，紧接着脑袋朝下，钻进雪地里的洞穴，双腿朝向天空画叉，虽然这个姿态看起来非常滑稽，却是它们用以捕食的技巧。

北极狐在捕食旅鼠

## 生存环境

　　北极狐的生存环境比较恶劣，不仅要经受北极极端的寒冷气候，还要躲避北极熊的捕杀。北极狐在迁徙的路上，也会有体力不支的成员被淘汰掉。

　　北极狐还面临着病毒的威胁，几乎每年都会有北极狐在迁徙的时候染上病毒，然后就会有大量的成员受到感染，从而导致大面积死亡。但是，北极狐并不会因为面临的种种威胁而灭绝，因为它们有强大的繁殖能力，会让这个种群延续下去。

### 奇闻逸事

　　在北极地区流传着一个关于北极狐的古老传说。相传北极狐善于用自己的长尾巴鞭打雪地，因此产生色彩缤纷的光，那便是北极光了。

### 开动脑筋

　　北极狐有时会跳起来，头朝下插在雪地里，它们为什么这么做呢？

海洋探秘系列 极地探秘

Part 3 冰雪中的动物们

# 旅鼠：极地旅行家

北极的冻土地带生活着一种身材小小的、毛茸茸的动物，它们的数量很庞大，还会举家迁徙，去食物丰富的地带生活，它们就是神秘的小动物——旅鼠。

## 可爱的旅鼠

旅鼠常年居住在北极，它们的身体呈椭圆形，长着小短腿和小耳朵，体长10～18厘米，是一种极普通、可爱的哺乳动物。旅鼠毛发的上层为浅灰色或浅红褐色，下层颜色较浅，还有一些旅鼠的毛发会在冬天变成全白色，这样的颜色可以保护自己，让敌害很难发现它们。

58

## 旅鼠的繁殖之谜

旅鼠的繁殖能力可以说是动物中最强的，一只雌性旅鼠每年能生7~8胎，每胎可生12只幼崽，只需20多天，幼崽就长到成年了，然后也加入繁殖大军中。

根据推算，一只雌性旅鼠一生繁殖出来的后代可以达到80多万只，这种繁殖能力是旅鼠身上最大的秘密。

## 捕食者的盛宴

旅鼠虽然有很强的繁殖能力，但是它们的天敌也很多，如猫头鹰、贼鸥、灰黑色海鸥、粗腿秃鹰、雪鸮、北极狐、黄鼠狼、北极熊等。当旅鼠在冰雪消融的大地上突然冒出百倍于平常的数量时，那些饥肠辘辘的捕食者就迎来了一场盛宴t。这个时候，北极狐、赤狐、雪鸮、渡鸦等捕食者，都会被突如其来的丰富食物搞得不知所措，甚至长尾贼鸥这种海鸟都会特意跑到旅鼠的聚居地筑巢育雏，改用丰盛的旅鼠来喂养幼崽。

# Part 3 冰雪中的动物们

海洋探秘系列 极地探秘

## 迁徙之谜

　　旅鼠在平常年份只进行少量繁殖，使其数量稍有增加，甚至保持不变。只有当气候适宜和食物充足时，旅鼠才会齐心合力地大量繁殖，使数量急剧增加，一旦达到一定密度，如1公顷内有几百只之后，所有的旅鼠就会突然变得焦躁不安，它们会到处乱跑，吵吵嚷嚷且永无休止，甚至会停止进食，而且它们不再胆小怕事，在任何天敌面前都面不改色，无所畏惧，有时甚至会主动进攻。更加不可思议的是，它们的毛色也会发生明显的变化，由便于隐蔽的灰黑色变成目标明显的橘红色，以便吸引天敌的注意，自求死路。与此同时，旅鼠还表现出一种强烈的迁徙意识，纷纷聚在一起，形成大群，然后沿着一定方向狂奔而去，而大海又总是它们的归宿。它们能在一天内迁徙16千米，由于速度太快，一些体力不支的旅鼠会落在队伍后面，而一旦落后就意味着死亡。有趣的是，当它们进行这种死亡大迁徙时，总会留下少数同类看家，并担当起传宗接代的神圣任务，使其不至于绝种。

### 海洋万花筒

　　1823年，一位探险家在斯堪的纳维亚半岛旅行时，偶然发现了迁徙中的旅鼠大军。于是这位探险家把这一景象记录在自己的日记里："旅鼠大军即使遭遇河流甚至狭窄的峡湾的支路，也绝不会因任何障碍而偏离自己的路线。"后来，科学家研究推测，旅鼠的迁徙和非洲食草大军的迁徙行为一样。吃掉一个地区的食物后，它们就会大量迁徙。

60

## 旅鼠并不会自杀

说起旅鼠，人们最先想到的是它们会自杀。然而，事实却是旅鼠并不会自杀。"旅鼠"是旅鼠亚科下动物的统称，可以被称为"旅鼠"的动物总共有4个属。在传闻中会自杀的旅鼠是其中一种生活在挪威的旅鼠。这类旅鼠的数量非常多，也许是因为种群压力让旅鼠们感到焦虑，它们会不顾一切地逃离家园，寻找自己的新家。遇到河流拦路时，它们会毫不犹豫地跳入河中，这是因为它们会游泳。但旅鼠没想到的是，有些河流太宽了，它们没有能力渡过这条河，于是便死在了河里。在一些人看来，这是一种自杀行为。但从旅鼠的角度来看，它们并没有想要自杀。

### 奇闻逸事

迪士尼在1955年的一部名叫《怀念家人的旅鼠》卡通片中，制作了大量旅鼠跳下悬崖的画面，于是"旅鼠自杀"的冷知识走进了千家万户。后来，迪士尼拍摄了一部叫《白色荒野》的纪录片，他们花钱请因纽特人抓了几十只旅鼠，然后弄一个转盘，将那些不愿意跳海的旅鼠都甩下悬崖，淹死在大海里。由此制造了一种旅鼠自杀的假象。

海洋探秘系列 极地探秘

Part 3 冰雪中的动物们

# 白鲸：海中金丝雀

你见过这样一种动物吗？它们有着软萌的皮肤，白白的、胖胖的，它们就是白鲸。见过白鲸的人，都会赋予它们这些词语：温柔、纯洁、友好、可爱……不少人认为，邂逅白鲸的刹那，顿时觉得它们是治愈心灵的良方，果真如此吗？

## 白鲸的皮肤是白色的吗

人们看到的成年白鲸，它们的皮肤是白色的。所以，当它们藏匿在北极或亚北极的冰层中，人们很难发现它们的踪迹。难道白鲸的皮肤从出生就是白色的吗？当然不是啦！白鲸刚出生时，它们的皮肤是灰色的，当它们慢慢长大后，它们的皮肤才会变白。有趣的是，雌性白鲸比雄性白鲸发育得早，所以，雌性白鲸最先变成白色的。

## 白鲸是哺乳动物吗

众所周知，鲸是哺乳动物，而白鲸也属于鲸的一类，所以，它们也是哺乳动物。它们采取胎生的方式繁殖，妊娠期为14个月左右，哺乳期为2年左右。从这个特征中可以看出，白鲸是哺乳动物。当然，鲸的呼吸方式也可以证明它们是哺乳动物。因为它们是用肺呼吸，所以，它们需要不定时地将头探出海面，这是大部分哺乳动物特有的呼吸方式。

## 为什么白鲸会发声

声带是人类的发声器官，位于人类的喉部。不同的人因为声带长短、宽窄不同，所以发出的声音也不相同。白鲸虽然没有声带，但却可以发出多种声音。它们甚至可以调节音量、音调等，模仿各种动物的叫声，如猛兽的吼声、猪的呼噜声、牛的哞哞声……

### 海洋万花筒

1534年，法国探险家雅克·卡提尔发现了爱德华王子岛。次年，他带着人们前往圣劳伦斯河，在那里，他们看到一群白鲸在轻歌曼舞，似乎在欢迎他们的到来。他们对眼前的景象惊叹不已，于是白鲸就有了一个别称——"海洋金丝雀"。

# Part 3 冰雪中的动物们

海洋探秘系列 极地探秘

## 头上顶着一个"瓜"

　　白鲸给人最深的印象就是它那肥肥大大的额头，人们将这部分叫作白鲸的"瓜"，它们还因头顶隆起的部分而被称作瓜头鲸。这个名字是不是很有趣呢？其实，对白鲸来说，"瓜"对它们是至关重要的，这部分是由脂肪构成的。白鲸可以利用"瓜"进行回声定位，从而判断自己和物体之间的距离，物体的形状、大小等。

## 白鲸竟然没有背鳍

　　一般鲸都有背鳍，可是白鲸很特殊，它们竟然没有背鳍。当然，尽管如此，它们依然能在冰下自由游泳，丝毫不受影响。不仅如此，这群可爱的家伙还时常用自己的头部和后背在冰层中开拓新道路。

### 奇闻逸事

　　白鲸时常会做出各种姿态，或是浮出水面，或是露出笑脸，或是一跃而起……白鲸之所以能做出这些高难度的姿态，在于它们的7根颈椎，这让它们的身姿变得更加灵活，也是其他海洋生物所不具备的。

## 简单粗暴地用餐

鲸可分为须鲸和齿鲸，它们之间的不同在于有没有牙齿。须鲸没有牙齿，它们用鲸须过滤海水来获得食物，而齿鲸有牙齿，它们用牙齿撕咬食物。白鲸是典型的齿鲸，不过它们的牙齿可不是用来细嚼慢咽食物的，它们用牙齿进行捕猎，然后将猎物吞到肚子里。白鲸的主要食物有鲑鱼、鳕鱼、章鱼、虾蟹类等。

## 像候鸟一样地迁徙

众所周知，候鸟在严冬时会迁徙到南方越冬，在春季寒冷消退后，它们又会回到北方，这种定期往复的行为称为迁徙。白鲸也是如此。每年7月，许多白鲸就会从北极出发，开始漫长的迁徙之旅。它们大部分要前往纬度靠北一点的地方。当然，总有一些白鲸不走寻常路，独自南下。

## 白鲸喜欢干净

经过长途跋涉，白鲸到达迁徙的目的地。此时的它们早已忘却一路的疲惫，只见它们潜入海底，不停地翻转，海中的沙石等为它们擦拭着身体。几天之后，你会发现白鲸换上了"新衣服"，它们的皮肤焕然一新。

海洋探秘系列 极地探秘
# Part 3 冰雪中的动物们

## 喜欢和人类玩耍的白鲸

在海洋中生活着许多凶狠的家伙，它们不仅有庞大的体型，还有恶狠狠的模样。它们处于食物链的顶端。当然，也不是所有的大家伙都是令人畏惧的，如白鲸，它们很喜欢和人类玩耍。

## 为什么白鲸喜欢和人玩耍

白鲸性情温顺，没有强烈的主观攻击意识，而且白鲸的天敌少，又喜欢群居，很容易获得食物。在闲暇时，它们更想要找一点娱乐项目。所以，白鲸一直在物色适合游玩的伙伴。平时，它们会和其他动物，如鱼、虾，甚至是石块等玩耍。这也很好地解释了白鲸为什么会喜欢和人玩耍。

## 白鲸的智商不低于3岁小孩

白鲸很聪明，它们的智商不低。研究发现，白鲸的大脑结构和人类的类似。相比一般的动物，它们的大脑十分发达。在实验中，人们发现白鲸在照镜子时，可以辨别出镜子中的动物是自己，这是3岁小孩所具备的智商，可见白鲸至少拥有3岁小孩的智商。

## 白鲸对人类的威胁小

相比其他大型海洋生物，白鲸没有进化出锋利的牙齿，它们无法吞食大型动物，所以就出现了前文中提及的白鲸简单、粗暴的进食方式，正是这种进食习性决定了白鲸很难伤害到人类。另外，它们在捕猎的过程中也相对温和，不会主动攻击人类。

## 帮人类叼起手机的白鲸

2019年5月4日，在挪威亨墨菲斯海岸，一位名叫伊莎的女子和同伴在游玩时，不小心把手机掉进了海里。正在她一筹莫展时，海里忽然缓缓地浮出来一只白色的生物！仔细一看，原来是一头小白鲸，它的嘴巴里正叼着伊莎掉进海里的手机！后来，人们才知道这头小白鲸名叫Hvaldimir，是一头被人类驯化过的白鲸，喜欢和人类互动。

## 一头白鲸给人类的警告

赫尔曼·梅尔维尔写的《白鲸》一书，讲述了一头白鲸和捕鲸船长亚哈之间的故事。亚哈船长是一名优秀的捕鲸手。不过，他在一次捕鲸途中遇到了这头聪明的白鲸，这头白鲸不仅逃走了，还咬伤了他的腿。当然，历史上也出现过鲸报复人类的事件，但是若干年之后，宽容的鲸忘记了和人类的仇恨。鲸的价值不仅在于鲸油，更在于它们的自然死亡——鲸落。一鲸落，万物生。

**开动脑筋**

白鲸吃什么？

海洋探秘系列 极地探秘

Part 3 冰雪中的动物们

# 企鹅：不会飞的大鸟

在电视节目中，你是否会被一群长着白肚皮、脑袋黑黝黝、身体胖嘟嘟、长得像鹅却会直立行走的企鹅吸引呢？企鹅是一种古老的游禽，虽然它是鸟类，但它却不会飞。

## 用来游泳的翅膀

企鹅虽然长着翅膀，但它们的翅膀可不是用来飞的，它们用翅膀在海水中游泳。当企鹅跳进海水中时，它们那对短短的小翅膀就像船桨一样，十分有力地推着它们在水中游动。

68

## 企鹅为什么怕黑

你知道吗？企鹅非常怕黑。难道是因为它们胆小吗？如果你去过南极，就会发现帝企鹅以及阿德利企鹅日出而作，日落而息，就像很多上班族一样。它们白天会在南极水域捕食磷虾，天黑之后，就会回到岸边的家中。为什么它们天黑就要回家呢？有人说，企鹅是怕被海豹和虎鲸吃掉。你觉得呢？

## 光着"脚丫"的企鹅冷吗

当你细细观察企鹅时，就会发现企鹅的脚上光秃秃的。它们站在冰面上难道不冷吗？其实，企鹅一点都不会觉得冷。因为在企鹅的脚上有一种热交换系统，它可以让企鹅的脚得到保护。另外，企鹅十分聪明，它们会调节脚上的血液循环。一旦天气变得寒冷，它们就会减少脚上的血液供应。

### 海洋万花筒

在企鹅的脚上有一种"逆流热交换系统"，即动脉血管分叉有很多动脉小血管，它们可以为脚提供温暖的血液。当企鹅脚部的血液变冷后，这些血液会从紧挨着的静脉小血管中流回。如此一来，动脉小血管中温暖的血液会将热量传递给紧挨着的静脉小血管中逆流的冷血。

69

海洋探秘系列 极地探秘

# Part 3 冰雪中的动物们

## 北极有企鹅吗

相信不少喜欢企鹅的人一定很好奇北极是否有企鹅。其实，企鹅在生存方面存在两个大问题：一是寒冷的气候；二是天敌。对企鹅而言，南极、北极的环境气候相差不大。不过，在北极却有太多威胁它们生命的动物，如北极熊、北极狼、北极狐……如果企鹅在北极生存，以它们"笨拙"的身形，一定会"乖乖"成为天敌们的口中餐。另外，在南极，豹海豹、贼鸥已经让企鹅感到"身心俱疲"，它们又怎么敢在北极生存呢？

## 只有南极有企鹅吗

一般人们将企鹅作为南极的象征。可是，企鹅真的仅仅是南极的"专利"吗？大部分企鹅分布在南半球，它们以南极大陆为中心，北至非洲南端、南美洲和大洋洲，主要分布在大陆沿岸和某些岛屿上。在全部17种企鹅中，只有7种生活在南极大陆，即帝企鹅、阿德利企鹅、金图企鹅、帽带企鹅、王企鹅、喜石企鹅和浮华企鹅。而非洲企鹅则生活在南非的开普敦附近海域；加拉帕戈斯企鹅甚至生活在赤道区，它也是分布在最北端的企鹅。

## 不会飞的大鸟之大海雀

海雀科中唯一不会飞的物种是大海雀，它们的模样酷似企鹅，是比我们所熟知的企鹅更早拥有"企鹅"称号的鸟类。它们主要栖息在北大西洋靠近北极圈的海域，如加拿大纽芬兰外海岛屿、冰岛和格陵兰岛等。它们虽然不会飞，但是会游泳。就如企鹅一样，它们会在北极寒冷的天气里，潜入海水中游泳、捕食。大海雀大多数时间生活在海里，它们的食物主要是12～20厘米长的鱼，偶尔也会捕食一些体型较大的鱼。19世纪初期，许多欧洲人为了获取大海雀的肉、蛋和羽毛，开始大肆捕杀这种不会飞的大鸟，人类因此成为它们的天敌。大海雀很快就因为人类的捕杀灭绝了。

### 奇闻逸事

菲利普岛位于墨尔本南方，对墨尔本的居民来说，当地不仅可以冲浪、钓鱼等，这里还是小蓝企鹅的保护区。每到黄昏，就会看到小蓝企鹅们成群结队地从海上归巢。由于它们个头娇小，排成一排地走，左摇右摆的模样十分有趣。

## 为什么在南极生活的企鹅不怕冷

一些企鹅可以在南极生活，可见它们是耐寒性动物。不过，它们为什么可以抵御南极的冰天雪地呢？原来这些企鹅的羽毛呈鳞片状，其密度也非常大。在这种"羽毛衣"的庇护下，它们的身体不仅可以抵抗南极的寒冷，还不容易被海水浸湿。另外，它们胖嘟嘟的身体储备着丰富的脂肪，这也是它们抵御寒冷的"利器"。

## 企鹅爸爸孵化小企鹅

你知道企鹅宝宝是谁孵化的吗？如果你的回答是妈妈，那么抱歉，你的回答是错误的。因为大部分的企鹅宝宝是由企鹅爸爸孵化的。一般企鹅妈妈只负责生蛋。企鹅爸爸负责孵蛋，它们会将蛋放在自己的肚子底下，以确保蛋的孵化温度。为此，它们会一直站在那里，不吃饭，也不睡觉。

## 一群悲伤的帝企鹅

2011年1月26日，英国《每日邮报》上刊登了一张令人震撼的照片，只见成群的帝企鹅倒卧在冰面上，它们似乎为死去的幼崽哀悼，让人看后泪流满面。拍摄这张照片的摄影师丹尼尔·考克斯表示这张照片拍摄于南极洲的里瑟-拉森冰架，可能是气候变化或食物短缺导致帝企鹅幼崽成批死亡。

海洋探秘系列 极地探秘

# Part 3 冰雪中的动物们

## 企鹅有一个大家族

目前,全世界已知的企鹅有17种,包括帝企鹅、王企鹅、金图企鹅、阿德利企鹅、浮华企鹅……接下来,让我们一起看看企鹅家族的成员吧!

## 最大的企鹅成员

帝企鹅不会迁徙,它们在南极繁衍后代。它们的身高在1米左右,体重约41千克。它们是南极洲最大的企鹅,也是世界企鹅之王!你知道帝企鹅除了身体庞大之外,还有什么奇特之处吗?它们还真有奇特的地方,那就是脖子下面的羽毛,那是一片橘黄色的羽毛,耳朵后面的颜色最深。它们给人以端庄、优雅的气质,这也是它们获得帝企鹅称谓的原因。

## 最漂亮的企鹅

你听过王企鹅吗?它是企鹅家族中最优雅、最温顺的成员。王企鹅有苗条的身姿、鲜艳的羽毛。当然,虽然它们看起来和帝企鹅很像,但是王企鹅脖子下方的橘黄色羽毛更鲜艳,向下和向后延伸的面积更大。

## 有很多名字的企鹅

如果你知道企鹅绅士,相信一定知道金图企鹅,因为它有一个别称叫"绅士企鹅"。当然,它除了叫绅士企鹅,还被人们叫作白眉企鹅,因为它们的眼睛上有白斑,就像白眉一样。当然,如果你听到有人叫它们巴布亚企鹅,也不要纳闷,因为这也是它们的别称。

## 南极企鹅的最大家族

在南极最常见的企鹅要数阿德利企鹅，它的名字来自法国探险家迪蒙·迪尔维尔，他以自己妻子的名字为这种企鹅命名。在茫茫冰雪中生活着约5000万只阿德利企鹅。这是一个聪明的种族。它们在生下企鹅蛋后，担心融雪会将企鹅蛋浸湿，就会用石子建造一个适合孵卵时站立的巢。另外，虽然阿德利企鹅不会飞，但它们却善于跳跃。冬天到来时，阿德利企鹅会结伴而行，出现在浮冰或冰山上。春天到来时，它们又会回到陆地。在返回途中，遇到冰层阻隔时，它们可以竖直跳起2米左右，从而跃过障碍。

阿德利企鹅还是腾讯QQ的Logo原型哦！

## 头顶皇冠的企鹅

浮华企鹅头戴"金冠"，长着一张白净的脸。它们只在麦夸里岛上繁殖，它们会在栖息地换羽，你会被掉落一地的羽毛震惊。9月下旬，雄性浮华企鹅上岸筑巢。雌性浮华企鹅会在10月左右上岸。通常雌性浮华企鹅会生下两颗蛋，第一颗蛋很小，多会被抛弃。浮华企鹅夫妇则会细心孵化第二颗蛋。对于其中的原因，人们至今无法完全理解。

**开动脑筋**

浮华企鹅只在哪座岛上繁殖？

# Part 4
## 存在于极地中的植物

如果有人说极地也有绿洲,你信吗?或许你会摇摇头,在那么酷寒的天气中,怎么会有植物生长呢?你还别不信,在极地确实生活着一群生机盎然的"小家伙",你瞧,苔原冒出了绿意,地衣类、苔藓类也争先恐后地为极地增添生气。

Part 4 存在于极地中的植物

# 苔原，不长树的平原

在极地不仅生活着一群动物，还生长着不少植物，如苔原。它们让那个冰雪世界多了一丝绿意。你知道什么是苔原吗？你知道它们对极地有什么样的影响吗？接下来，就让我们一起走进苔原的世界吧！

## 什么是苔原

苔原又叫作冻原，指极区、温带、寒温带的高山树木线以上的一种以苔藓、地衣以及多年生草类和耐寒小灌木构成的植被带。在欧亚大陆、北美大陆的北部边缘有一条长长的冻原地带，它们调节着寒带生态系统。

## 苔原植物有顽强的生命力

　　苔原植物是寒带植物的代表，它们在极圈内生活，那里时常会有狂风袭击，还有极昼、极夜的现象，这严重影响苔原植物的生存。不过，苔原植物却能抵御恶劣的环境，它们能在短暂的营养期内充分生长。由于营养期的时间过短，以致苔原植物生长相当缓慢。

### 海洋万花筒

　　苔原地区的冬季十分漫长而寒冷，苔原植物在冰雪环境下会因为温度过低无法吸收水分而出现干旱等问题。于是，苔原植物衍生出适应当地气候的特征。比如，由于生长季短暂，苔原植物无法在一年中完成整个发育周期，于是它们慢慢衍生为多年生植物；另外，它们的植株相对矮小，甚至紧贴在地面上……

Part 4 存在于极地中的植物

## 苔原的分布范围

　　大部分的苔原分布在北极圈内,它们位于北纬60°以北的永久冻土带中。那里的土壤终年结冰,影响着植物的生长和分布。这种永久性冻土的厚度有几百米,虽然它们地处荒原,但那里的气候却十分特别。南极也有苔原,主要分布在南大洋的岛屿上,包括南奥克尼群岛、南乔治亚岛、凯尔盖朗群岛等。

## 行将消失的苔原

　　挪威一片葱郁,可是当地人却最喜欢遍布于冰雪之下的苔藓绿。自然,挪威大片的苔原便成为当地最珍稀的事物。清新的冰川下那一抹葱郁的绿色,让挪威苔原带成为最亮丽的风景线。不过,这道亮丽的风景线的形成却十分缓慢。尽管苔原生物适应了极地恶劣的环境,但它们对自然环境还是很挑剔。随着自然环境的改变,这些苔原或许会慢慢消失……

### 奇闻逸事

　　人们曾在挪威的斯瓦尔巴苔原上发现200只死亡的驯鹿。人们通过采样发现,它们是因为找不到食物而饿死的。由于全球气候变暖,12月的斯瓦尔巴苔原出现罕见暴雨。暴雨过后,驯鹿因地面结冰而无法食用植被,最终大量死亡。

## 苔原气候

苔原气候是极地气候带的气候类型之一，那里全年寒冷，每年降水量在250毫米以下。当然，大部分的降水是雪。另外，夏季，部分冰雪能短期融化，因温度相对较高，蒸发量较小，所以在沿岸会看到很多雾。需要注意的是，由于这种气候温度过低，树木早已绝迹，只有地衣、苔藓等植物可以生长。

## 苔原的分类

在高原边缘的高山以及高原本体都生长着苔原。人们在划分高山苔原和山原苔原的基础上，又将山原苔原划分为4类：湿地苔原、草原苔原、荒漠苔原、草甸苔原。如此一来，丰富了全球苔原的结构，也让人们对高原自然带有了更准确的认识。

## 苔原的特征

苔原植物在演化中早已适应了极区特殊的生活环境。比如，贴地的针叶灌木等在春季可快速进行光合作用，无需耗能形成新的树叶；矮小的植物紧贴地面是为了更好地抗风、保温，减少水分蒸发。

海洋探秘系列 极地探秘
## Part 4 存在于极地中的植物

### 苔原的"守护者"

植物界中有太多的植物，它们对生存环境有着不同要求。不过，在高纬度和寒冷的地方，人们很难看到植物的身影。在辽阔的北极冻土带和高耸的长白山山顶上生长一种顽强的植物——仙女木，它被誉为寒冷气候的象征。

### 走进仙女木的世界

仙女木是一种典型的高纬度植物，它们有着较强的耐寒性、耐旱性，在冻土带有很好的生长优势。这种植株体型矮小，紧贴着地面生长。当多瓣花朵凋谢之后，会产生和铁线莲一样的种子。在晴朗的天气中，它们会打开"降落伞"，让风儿将种子带走。

### 为什么仙女木可以抗寒

苔原气候如此严寒，仙女木为什么可以很好地生存呢？这是因为仙女木有一层白色的绒毛，如同穿上了毛茸茸的"外衣"，对保温等有很好的作用。仙女木还有休眠的习惯，当植物进入休眠状态时，可度过漫长的冬夜。

### 它们让高山绽放美丽

每逢7月中旬，仙女木会盛开美丽的花朵。远远望去，在广袤的苔原上如同铺上了一块五彩缤纷的地毯。这些花朵向人们展示着它们的美丽。8月，仙女木的花朵凋谢了，不过花柱上还飘着像白羽一样的丝发，美丽极了。

气候变化活化石——八瓣仙女木花粉

## 仙女木，气候变化的活化石

近代，瑞典科学家在丹麦哥本哈根北部阿尔露德剖面的黏土层中发现了八瓣仙女木花粉。仙女木是一种喜冷植物，一般生长在寒冷的北极。可是，科学家们却在北大西洋的地层中发现了仙女木的花粉。可见，当时的欧洲气候十分寒冷。

### 你听过"新仙女木事件"吗

地球上的气候并不是固定的，而是呈周期性变化。1.1万～1万年前，地球进入冷却期。在这段时间中，冰川开始扩张，海平面下降，最终导致地球陷入长达1000年的冰雪之中。在地质学和气候学中，人们将这种骤冷的现象称为"新仙女木事件"。

**开动脑筋**

在苔原中，哪些植物给你留下了深刻印象？不妨写一写吧！

81

海洋探秘系列 极地探秘
Part 4 存在于极地中的植物

# 长在北极的耐寒植物

每逢冬季，四处一片寒寂。对冬季的北极来说，那里也是一片白茫茫。不过，当冰雪融化时，你会看到一个充满生机和魔力的世界。北极植物让天寒地冻的北极绽放生命之花。那么，在北极生活的植物有哪些呢？

## 无茎蝇子草

无茎蝇子草是一种生活在北极的植物，它的叶子成双成对地生长着。如果你用手摸它的茎叶，会发现上面黏糊糊的，就像抹了"胶水"一样。其实，这种植物的茎叶有黏性，这也是它的防御武器。如此一来，当小蚂蚁等动物啃食它时，就会被粘在上面，从而活活饿死。

## 北极岩荠

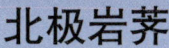

这是一种长得矮小的植株,它的茎叶十分光滑。北极岩荠有着肾形的叶片,它们虽然长得矮小,却十分坚硬。北极岩荠会在夏季开出一种总状花序的小花。当花朵凋谢之后,还会长出丰富的果实,这种果实是短角果。北极岩荠的种类有很多,仅从形态上是很难区分的。

## 斯瓦尔巴罂粟

斯瓦尔巴罂粟又称"野孩子",这是为什么呢?原来,这是一种纯野生植物,分布在斯瓦尔巴群岛、斯匹次卑尔根岛。当然,由于这些地区都属于北极,人们很难见到它。生活在北极苔原地带的斯瓦尔巴罂粟身穿奶白色的"小裙子"。当它们长大之后,"小房子"内长出了种子,当成熟后,这些"小房子"会炸裂,种子就从缝隙中溜出去,在陡峭的山坡、乱石滩等地安营扎寨。

### 海洋万花筒

斯瓦尔巴罂粟是一种美丽的观赏花卉,是无害的。它有着纤细的花梗,上面长着像杯形的花朵,样子美丽极了。你可不要小觑这种杯形花朵的作用,它可以像反光镜一样,将太阳的能量聚集到花蕊上,为花朵供应充足的能量,确保花蕊的生长发育。

海洋探秘系列 极地探秘

# Part 4 存在于极地中的植物

## 毛茸茸的北极棉

行走在北极苔原上，你可以看到很多神奇的植物，如北极棉，只见一个个白色的绒球将草原点缀得那么美丽。由于北极的夏季不仅短暂，温度也不高，北极棉就将自己的种子包裹在绒球中。这样种子可以正常生长、发育。当然，尽管北极棉十分柔软，但当地人们的衣服都是皮制的，更加保暖，所以，它们也派不上用场。

## 北极柳

柳树生长在世界的不同地方，它们的外形高大巍峨。在北极也生长着一种柳树——北极柳，它是一种小灌木，只有几厘米高。如果说鲁智深能倒拔垂杨柳，那北极柳只要轻轻一提就能连根拔起。你一定好奇为什么北极柳如此脆弱不堪？其实，这和极地的气候有关。当北极柳长高时，会被当地的狂风吹倒，所以它们只能匍匐在地。加上下面属于冻土层，它们无法将根部深扎其中，最终呈现在人们面前的就是丛状了。

### 奇闻逸事

北极的各种花草都是伏地生长的，它们的个头非常矮小，而北极柳却能冒出地面3厘米左右，最高能长到25厘米，它在北极可算得上是"参天大树"了。北极柳是一种耐寒植物，可以在 −21℃ ~ −6℃ 的环境中生活。春天，北极柳的叶片会变成毛茸茸的，还会开出单性花，或是雄花，或是雌花。夏天，种子会传播出去，如果气候适宜，它们会在第二年发芽，延续生命。

## 丽石黄衣

丽石黄衣是一种长在岩石表面的地衣，被收录在中国科学院发布的《中国生物多样性红色名录－大型真菌卷》中，并被评估为 LC 等级。这意味着丽石黄衣这个种群的数量接近受危类群，它们的生存受到了一些挑战。尽管如此，丽石黄衣的生命力其实十分出众。欧洲航天局的工作人员做过两次实验，他们把丽石黄衣带到太空，看看它们是否能够在宇宙环境中存活。实验证明，丽石黄衣活了下来，它们的生命力十分顽强。

## 马先蒿

在北极草原上，你能看到一片片红色的草叶，如同秋天的枫叶一般，它们正是马先蒿。马先蒿会开出粉色的小花，这为极地点缀了生机和色彩。当仔细观察马先蒿时，你会发现它们的花朵四周长着长长的绒毛，这有利于储存阳光，抵御寒冷。

## 极地的其他植物

在极地生长的植物多是常绿植物，如酸果蔓、岩高兰、小灌木等。尽管它们长在冰雪之中，但它们终年保持常绿。这样一来，春天一到，它们就能及时进行光合作用，不用等到长出新叶，大大节约了时间。

海洋探秘系列 极地探秘

Part 4 存在于极地中的植物

## 因纽特人和北极植物

因纽特人生活在北极地区，从西伯利亚到阿拉斯加，从格陵兰岛至加拿大的北极地区，都能看见因纽特人的身影。许多传统的因纽特人住在雪屋、木屋和石屋里，这些住房有一半陷入地下。一些因纽特人信仰萨满教，另一些人则信仰基督教或天主教。

## 你听过"爱斯基摩"吗

一些人习惯把因纽特人称为爱斯基摩人，但因纽特人可不喜欢被别人这么称呼。这是因为"爱斯基摩人"是一种歧视性的称呼，意思是"吃生肉的人"，因纽特人自然不喜欢这种不友善的称呼。他们愿意称自己为"因纽特人"，意思是"真正的人类"。

## 极地绝强的生命力

极地的夏天，草绿了，花开了，只见狐狸穿梭在草丛中，鸟儿在空中飞翔……一片生机勃勃。此时，冻土层等开始融化，地面上形成大小不一的河流，就像形状各异的镜子一样。行走在北极草原上，你会看到很多奇特的植物，并被它们深深吸引。

## 北极植物可用来治病

生活在北极的因纽特人在漫长的岁月中学会了用北极植物治病。比如，当地人如果不小心被毒蜂蜇肿了，他们会将北极柳的叶子嚼烂贴到上面，这样就可以有效消肿去痛。北极的夏天，蚊子尤其多，人们会将一种名叫假石南的植物点燃，它们散发的香味可驱赶蚊虫。还有一种臭草可治疗感冒、头痛等。款冬的叶子可治疗关节炎等。

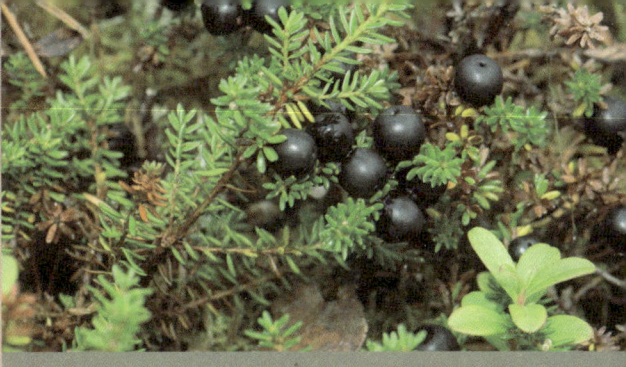

## 北极植物可用来食用

对古代的因纽特人来说，植物上长出的各种浆果是他们的食物来源之一，如紫浆果、熊浆果等。这些浆果的个头比樱桃小很多，而且核大，少汁液。

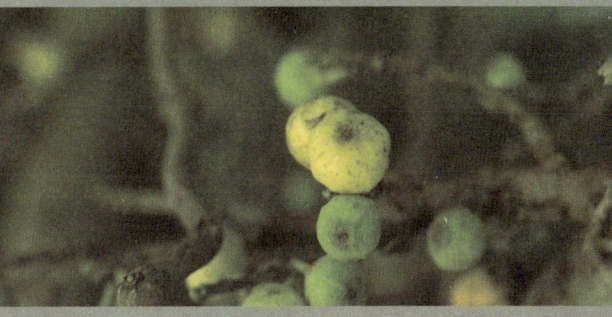

## 北极植物是生态平衡的基石

北极植物在维系北极的生态平衡中发挥着至关重要的作用。北极植物的存在固结了融化层中的土壤，为生活在这层土壤上的细菌、螨等提供了栖息之地，进而为当地的鸟类提供充足的食物来源。另外，这些植物不仅是旅鼠、北极狐等的食物，生长着这些植物的地方还是北极长途迁徙的候鸟的繁殖地。可见，北极植物对于北极生态平衡的影响之深远。

**开动脑筋**

古代因纽特人吃哪些北极植物？

______________________

______________________

参考答案

紫浆果、熊浆果等。

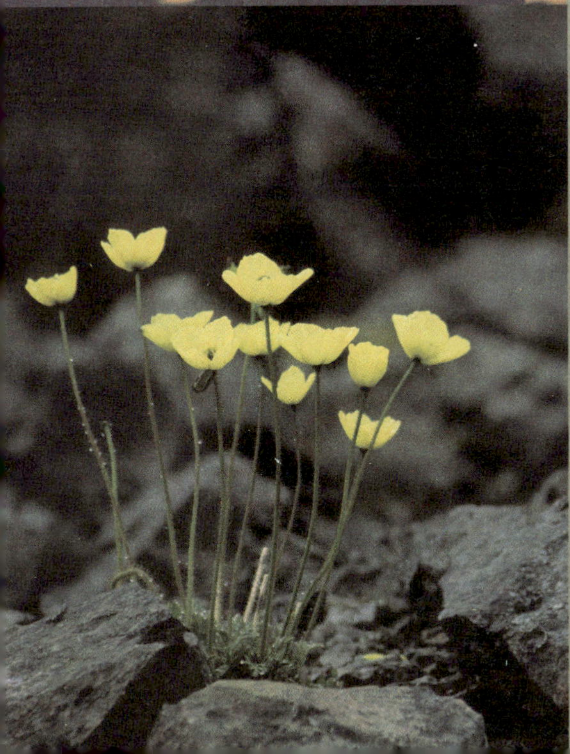

海洋探秘系列 极地探秘
Part 4 存在于极地中的植物

## 多如牛毛的地衣类

从高山到沙漠，从两极到赤道，地球上似乎每个角落都有它们的影子，它们可以在岩石、树皮和土壤等上面生长，你能猜到它们是什么吗？它们就是地衣。它们在地球上生活了很长时间。

### 你知道什么是地衣吗

地衣是一种多年生的植物，它是一种复合有机体，由1种真菌和1种藻组成。由于这两种植物长时间生长在一起，它们在生理和形态等方面形成了固定有机体，这是它们演化的结果。所以，我们可以将地衣当作一个独立的个体看待。

88

## 生物类群中的"寿星"

在野外，你会在不经意间看到地衣。你知道吗？这些地衣可能比你的年纪还大很多，有的地衣甚至是"百岁老寿星"。不过，大部分地衣每年生长不超过 3 毫米。在 6 亿年间，地衣向我们展示了其顽强的生命力。

## 地衣有什么特点

首先，地衣是真菌和藻类的共生，大部分参与形成地衣的真菌是子囊亚门，参与的藻类是绿藻和蓝藻。其次，地衣的大部分构造由菌丝构成，所以真菌决定了地衣的形状。最后，藻类进行光合作用，主要为地衣提供有机养分。

### 海洋万花筒

绿藻不仅是一种浮游生物，也是一种在淡水中生活的无运动性单细胞植物。简言之，它们是由一个细胞构成的个体。蓝藻是最早的光合放氧生物，不含叶绿体，但含有叶绿素 a，可进行光合作用。

# Part 4 存在于极地中的植物

## 真菌和藻类的互补共生

在这样一个"组装家庭"中,真菌为照顾好藻类,让它们免受风暴洗礼,便将它们包裹在内部,可是藻类喜欢光照,所以,真菌将它们安置在靠近上皮层的地方。不仅如此,真菌将自己吸收的水分以及矿物质给予藻类,而藻类则将自己通过光合作用产生的糖类馈赠给真菌。在这样互补共生的条件下,地衣拥有强大的生命力和抵抗力。

## 了解地衣的分布

地衣对空气有一定的要求,所以在人口众多、污染严重的地方是很难见到它们的。另外,地衣可以长时间忍受干旱,一旦遇雨便能快速恢复。人们通常能在岩石、沙漠、峭壁等上面找到它们。另外,地衣的耐寒性决定了它们可以在极地、高山带、冻土带等地区生长繁育,从而形成广袤的地衣群落,成为当地动物的食物来源之一。

### 奇闻逸事

一般的食草动物很难消化地衣,可是驯鹿却能靠着冻土、岩层上生长的地衣度日。对驯鹿而言,地衣是它们的主要食物之一,它们能充分利用地衣中的营养物质。所以,有一种地衣直接用驯鹿的名字命名——驯鹿地衣。

## 地衣"三门派"

目前，人们发现了2万多种地衣，当然还有很多未知的地衣等待人们去发现。在这么多的地衣成员中，人们根据它们的外貌，将它们划分为3类：壳状地衣，这种地衣紧贴在石壁、树皮上生长，它们的外形和干壳神似；叶状地衣，这种地衣十分容易采摘，样子和苔类相像；枝状地衣，这种地衣有着像枝杈一样的分枝，它们分别向四周伸展。

### 常见的地衣

人们生活中常见的地衣有松萝、长松萝、粗皮松萝、雪茶、雪地茶、石耳、鹿蕊、细石蕊、冰岛衣、白边岛衣、肺衣等。

## 地衣在自然界中的作用

地衣在自然界中的作用是巨大的：地衣是植被形成的"先锋植物"，很多地衣可以用来制药；地衣还可以在化学工业上用于制作香水、指示剂等；地衣对大气污染十分敏感，可以作为大气污染的指示生物；地衣可以当作饲养动物的食物来源……

海洋探秘系列 极地探秘
Part 4 存在于极地中的植物

# 地衣和人们生活的奇妙关系

地衣不是单纯的植物，也不是动物，它们遍布整个地球，以各种姿态展示着生命的奇妙。尽管城市中的人们很难见到它们，但它们却和人们的生活有着奇妙的关系，从美味的食物到缤纷的色彩，再到诱人的香味……它们丰富着我们的生活。

## 动物们的美味

白雪皑皑的北国，一到冬季便很难见到绿色植物。在斯堪的纳维亚半岛北部有一种牛，这种牛挤出来的牛奶特别香醇，当地人认为是它们吃驯鹿地衣的缘故。在云南北部的横断山区，滇金丝猴会食用长在冷杉、云杉上类似胡须一样的松萝。

## 人类舌尖上的美味

地衣同样被人们享用着，法国人会用地衣制作巧克力糖；北非和东南欧的人们会将地衣磨制成粉，然后烘烤成地衣面包；一种名叫石耳的地衣，长得像黑木耳，有着丰富的营养，日本人会用它们烹制菜肴。

## 用于医疗的地衣

在我国，地衣入药有着悠久的历史。《神农本草经》中记载，松萝可用于治疗支气管炎、肺结核。人们发现，地衣中的地衣酸有很强的抗菌作用，它们不仅能腐蚀岩石，还能杀死细菌。近代，人们又从地衣中发现了抗癌成分。或许在不久的将来，人们会从地衣身上找到治疗癌症的"钥匙"。

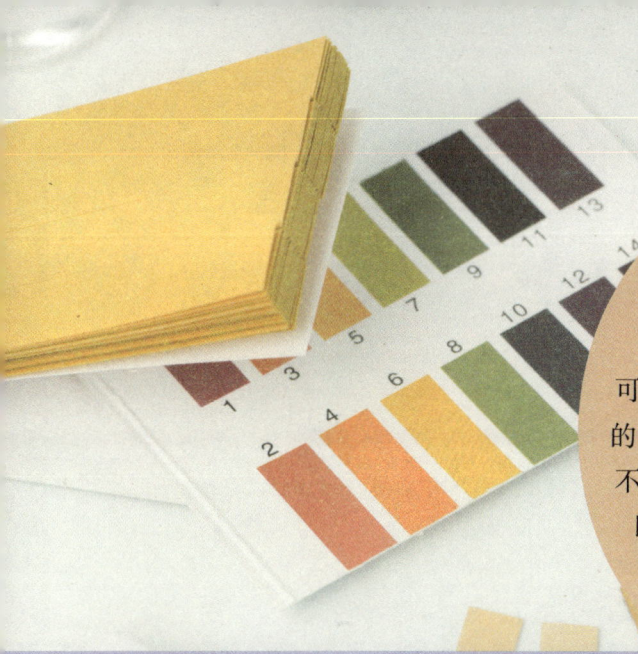

## 用于染料

脐梅衣虽然看上去不起眼，但却可以染布料。当然，随着化工合成染料的出现，地衣渐渐退出染料行业。另外，不少地衣，如杯腋石蕊、喇叭石蕊等可以提取石蕊，从而制作石蕊试纸。对于石蕊试纸，你一定不陌生吧？它被用于检验酸碱性。

## 脐梅衣所属的种类

人们从广义的梅衣属中分出的属名一共有 40 个左右，将其称为梅衣类属群。脐梅衣属于梅衣属中的一种。这类真菌所包含的地衣被人们称为梅衣类地衣，有 1500 多种。在我国，梅衣类地衣有 20 个属接近 200 种。

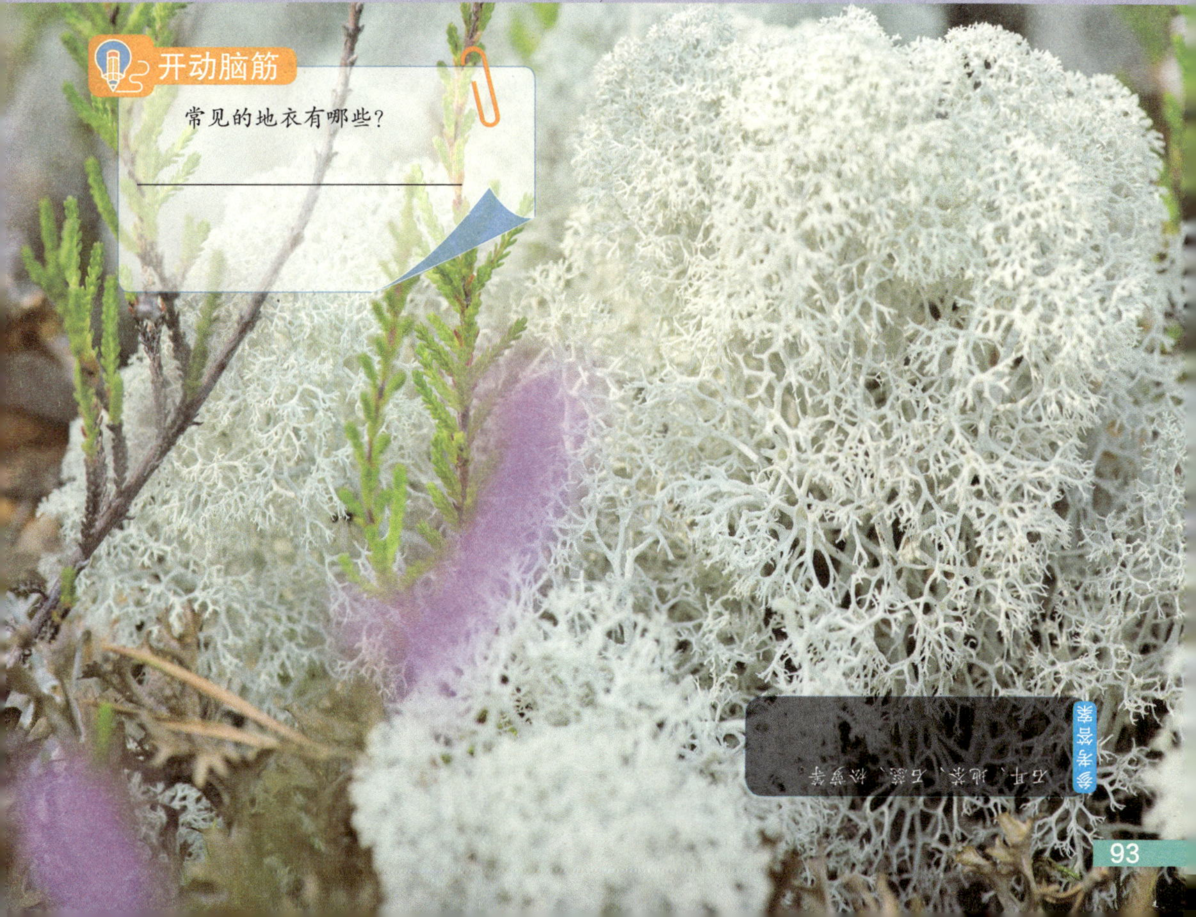

**开动脑筋**

常见的地衣有哪些？

______

参考答案：石耳、地茶、石蕊、松萝等

海洋探秘系列 极地探秘
Part 4 存在于极地中的植物

# "高等居民"：苔藓类

在低地、高原、植物的间隙中、公园的草地、家附近，甚至是在某个不起眼的角落中，你常会看到一片绿意，那或许就是苔藓。这种淡淡的绿色让四周充满生机。

## 你认识苔藓吗

苔藓是一种不会开花、不会结果的纯天然植物。它们通过孢子繁殖，整体呈绿色，有多个品种，在阴暗、湿潮的地方生长。它们的细菌较多，也很容易生长。当你发现它们的时候，总是一大片。

## 苔藓植物的分类

苔藓植物主要分为两类，分别是藓类和苔类。藓类主要包括葫芦藓、大桧藓、泥炭藓、墙藓、黑藓等。苔类主要包括地钱、脚苔、蛇苔、光萼苔、片叶苔等。苔藓植物是第二大陆生植物类群，全世界有1万多种，北极地区有500多种，南极洲则有100多种。

## 北极的苔藓

地衣使北极苔原的土壤保存了一定水分，苔藓植物趁机侵入，苔藓的侵入为矮小有花植物的生长打下了基础。北极苔藓的养料主要来自鸟粪和岩石风化物。生长在北极的苔藓的种类远没有地衣多，分布也不如地衣广泛，原因是苔藓对水的要求比较高，凡是水源比较丰富的地方，虽生长缓慢，经过日积月累总能看到一片片黄色或绿色、厚厚软软的苔藓，它们像地毯一样密密麻麻地铺洒在地表。

### 海洋万花筒

南极凯西站周边的苔藓床至今已有400多年的历史，其植被茂盛、翠绿葱葱，因而被称为"南极丹翠雨林"。

苔藓床是南极洲最高的古植被，其高度一般为几厘米，分布于水岸周边，在冰雪融化带来的营养和水的作用下茁壮成长。

## Part 4 存在于极地中的植物

## 南极的苔藓

在南极相对温暖的沿海和冰雪融化能提供充沛水源的区域有大面积的苔藓生长，如东南极洲的威尔克斯地和南极半岛的西海岸。南极大陆周围的岛屿上苔藓的分布更为广泛。

### 奇闻逸事

有报道称，英国科学家在南极冰层下面发现了1500多年前的苔藓，它们在冰封千年之后，竟然复活了。这到底是怎么回事呢？这些苔藓刚挖出来时毫无生机，当科学家将它们放在培养箱中，用蒸馏水灌溉3个星期之后，奇迹发生了——苔藓开始生长了！

## 南极洲苔藓的作用

　　苔藓是南极洲东部最大的植物，为大量微生物（如轮虫、线虫等）提供了栖息场所。苔藓在生长过程中还会将二氧化碳固定在细胞中，就像一些冰芯可以捕捉二氧化碳气泡并揭示过去的气候一样。这些苔藓层是南极洲海岸周围气候历史的"有效记录者"。

# Part 4 存在于极地中的植物

## 极地苔藓

在过去，人们很少关注极地苔藓，随着越来越多的人前往极地探险，那里的苔藓也逐渐走进人们的视野。你知道南极苔藓和北极苔藓的区别吗？

## 极地苔藓的形态特征

极地苔藓是一种身体矮小、疏散或密集生长、颜色呈深绿色的植物。极地苔藓雌雄同株，生长在海拔1900~4300米的林边潮湿的石头或者积雪的石头上面。苔藓的茎通常倾斜生长，分枝直立。它的叶子有的倾斜着背面朝上，有的像镰刀一样弯曲。叶子底部是长长的椭圆形，越往上越细。

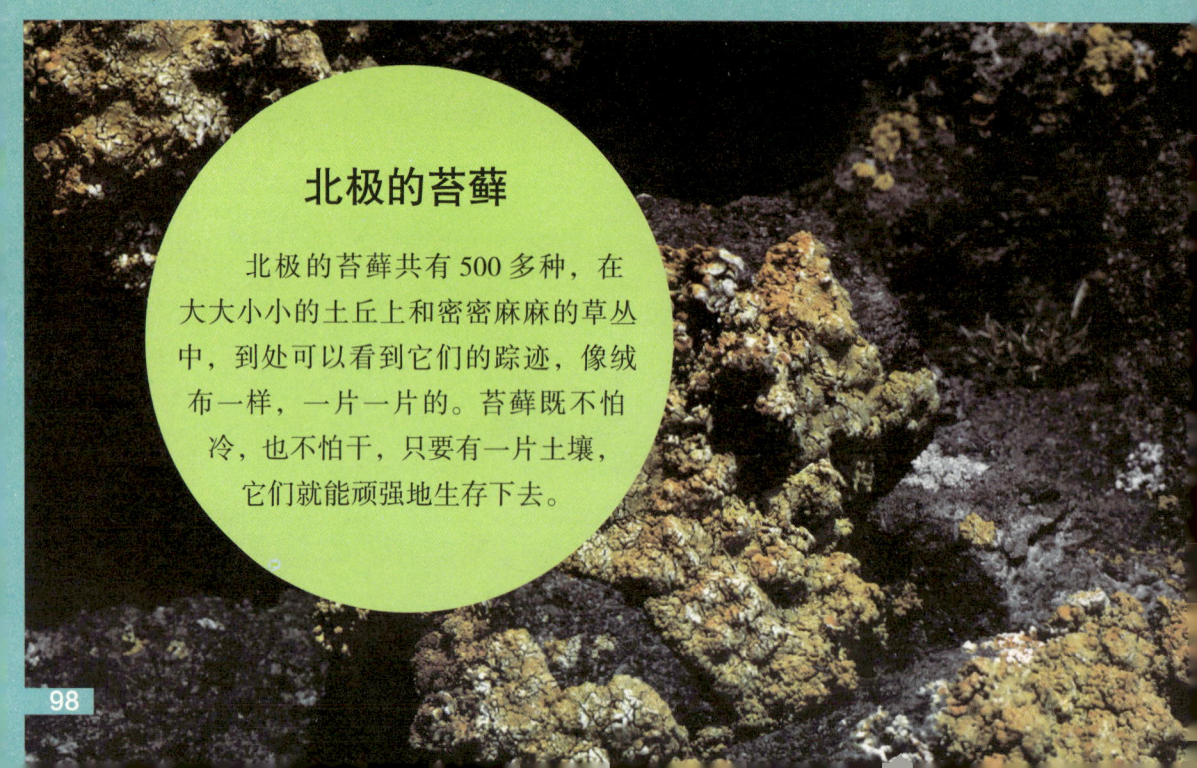

## 北极的苔藓

北极的苔藓共有500多种，在大大小小的土丘上和密密麻麻的草丛中，到处可以看到它们的踪迹，像绒布一样，一片一片的。苔藓既不怕冷，也不怕干，只要有一片土壤，它们就能顽强地生存下去。

## 南极的苔藓

南极的苔藓大多生长在南极周边沿海、岛屿以及温暖潮湿、有冰雪融化的地方，其营养主要来自鸟粪或岩石表面风化分解后形成的薄薄的土壤。南极苔藓缺水时会变得干燥、脆弱，稍微升温或增加水分后会立刻焕发生机。

## 极地苔藓的作用

极地苔藓具有适应极端环境的能力。它们需要适宜的温度、阳光、水分和土壤条件，以抵御极端环境。苔藓植物在一定程度上维持了所在地区的生态平衡，它们不仅为极地生态系统提供了重要的生物量，也为陆地表面的保温和防风做出了贡献。

冰雪融、水分、温度光照

**开动脑筋**

请问大桧苔藓的别名叫什么？

# Part 5
# 人类在极地的生活

对生活在极地之外的人们来说，吃饭、洗漱、睡觉是再平常不过的事情。可是，对于极地的原住民或前往极地探险的人们而言，这些事情却变得异常艰难。极地气温通常在零下几十摄氏度，当地的人们连呼吸都感到刺骨，那么他们又是如何生活的呢？

海洋探秘系列 极地探秘
Part 5 人类在极地的生活

# 因纽特人，北极的原住民

南极四周的茫茫大海加上严寒的气候导致那里没有人烟，而北极就不同了，有人不断迁徙到那里定居，其中就有因纽特人。关于因纽特人有很多说法，有些人说他们吃生肉，还有些人认为他们以冰雪为生……这到底是一个什么样的民族呢？

## 因纽特人的现代生活

过去，北极圈里有一些小渔村，那里环境严酷，住着北极的原住民——因纽特人。因纽特人习惯吃生肉，更有捕鲸的传统。当一个村落捕到鲸后，鲸肉会被分到每户人家。当然，鲸实在太大了，他们不可能短时间内吃完，所以他们会先把鲸肉晾干，然后保存在雪屋中。如今，雪屋早已成为他们的储藏室。他们也过上了现代生活，当地有电台、超市等。每年，当地政府还会派医生为本国的因纽特人巡诊。人们在木房子中生活，孩子也开始学习现代知识……

## 最孤独的民族

全球一共约有 14 万因纽特人，他们分布在丹麦、加拿大、美国、俄罗斯等国家的北极或亚北极地区。虽然因纽特人的分布较广，方言较多，但彼此之间依然可以交流。另外，因纽特人是一个复数名词，单个的因纽特人叫作因努克。

## 因纽特人的家庭成员

大部分因纽特人家庭是由父母和未婚子女构成。通常每个家庭和同村的其他家庭是亲属。他们彼此共享猎物、相互帮助。以前，因纽特人一般在本族内通婚。如今，当地的人们也出现和外族通婚的现象，尤其是因纽特的女人和外族男人结婚的情况逐渐增多。

### 海洋万花筒

因纽特人男女之间有明确的分工，一般男人会外出狩猎，女人做家务、照顾孩子等。当地的孩子数量较多，他们生活在一个慈爱的环境中。另外，因纽特人的第一个孩子一般由自己的祖辈抚养，一方面让家中充满生气，另一方面能帮老人做家务。

海洋探秘系列 极地探秘
Part 5 人类在极地的生活

## 因纽特人的迁徙方式

因纽特人过着迁徙的生活。在春、夏、秋三季，他们会以 2~6 组家庭构成一个小营地。冬季，最多有 25 组家庭生活在一起。不仅如此，他们构建的营地也会随季节变化而迁徙。不过，他们的迁徙地大多是固定的，他们年复一年地进入某个地点，但不会离开所属方言的区域范围。

## 因纽特人的居住模式

因纽特人中也曾掀起建造贸易站的热潮。随着贸易站、教堂等的建立，一种新的居住模式——半定居营地逐渐出现在因纽特人生活中。第二次世界大战之后，随着学校等的建立，因纽特人相对集中在永久村生活。20 世纪 70 年代，在加拿大生活的因纽特人都在村中定居。木屋取代了昔日传统的雪屋和草屋。

### 奇闻逸事

因纽特人为抵御冬季的寒冷，在建造雪屋时会选择被风吹过的雪堆，用刀把厚实的雪切成一块块雪砖，砌成穹窿形的屋子。墙的一面会用一个冰块作为镜子，使屋内变亮。墙上留着一扇门，门上挂着动物的皮毛，可避免冷风吹入。需要注意的是，雪本身有隔热的效果，它们不易消融。即便会消融，在寒冷之中也会再次结冰，让雪屋变得更牢固。

## 因纽特人的御寒措施

对因纽特人而言,北极的酷寒是他们首先要面对的困难,稍有不慎,他们就会被冻伤,甚至冻死。所以,因纽特人的衣服、食物等都有独特之处。比如,他们的衣服多是用多层皮毛缝制而成;平时多食用高脂肪、高蛋白的食物,从而为身体提供高热量,增强自己的体质。

## 因纽特人的独家装备

因纽特人捕鱼时会穿一种独特的防水衣。这种衣服是用海象肠制作而成。海象肠是空心的,如同长管子一样。所以,他们将海象肠吹起来,然后再将它们密封,一条条连接起来,便做成防水衣和防水靴子了。另外,他们用驯鹿的大腿骨制成雪地护目镜,可以有效地防止雪盲症。

## 因纽特人的交通工具

因纽特人会在海上进行狩猎,所以他们发明了卡雅克。这是一种用海豹皮制作的船。这种船不仅坚固,还不容易进水。与此同时,他们在陆地上的交通工具大多是狗拉雪橇。这种狗被称为因纽特犬。它是由狗和狼繁殖成的,不仅帮助运输,还用于狩猎。

# Part 5 人类在极地的生活

## 因纽特人对北极环境的适应

因纽特人在北极会面临冰雪、极昼、极夜等，所以他们需要从各个方面适应当地环境。接下来，让我们看一看这个强悍、勇敢、坚韧的民族是如何在北极屹立不倒的！

## 北极自然环境的特点

因纽特人所在的北极的自然环境有这样的特点：低温、冻土层、风大、极昼、极夜……总而言之，极地恶劣的自然环境，让这个充满智慧的民族越挫越勇。

## 因纽特人对冰雪的适应

因纽特人对冰雪的认识有很多，即便是因纽特人的孩子们也从小就学会了鉴别冰雪的特征。在海冰上狩猎时，他们会根据颜色判断海冰的特征，如不安全的薄冰呈黑色。当海冰变厚时，它的颜色会变成灰白色，此时海冰足够支撑人和雪橇。如果不小心掉入冰水中，应尽快回村子保暖。如果离村子太远，同伴会借给他们衣服，直到湿衣服变干。

## 因纽特人对严寒的适应

因纽特人外出狩猎或捕鱼时，身体会暴露在严寒之中，为了保持体温在正常范围内，他们的身体会出现多种生理反应：颤抖、血管收缩、耗氧量增加、气候适应性改变、行为反应等。其中，颤抖是最常见的一种反应，它可以让人产生的热量提高3倍。

## 因纽特人对极昼、极夜的适应

极昼或极夜会给人体带来负面影响，如体温、血压、呼吸、氨基酸水平等会呈周期性的昼夜变化。有研究表明，在极夜时期抵达极地时，有些人最初会出现失眠、忧虑、烦躁等症状。因纽特人则通过运动、娱乐等活动减轻精神压力。

## 因纽特人对低生产力的适应

北极地区恶劣的环境限制了因纽特人的人口规模，造成了他们的生产力水平比较低，生产和生活资料也没那么丰富。不过，因纽特人的文化让他们比较团结，更加紧密地互相帮助。他们采取双边继嗣制度，一个人有很多亲戚，大家彼此帮衬与合作。

### 开动脑筋

不安全的薄海冰呈什么颜色？

海洋探秘系列 极地探秘
Part 5 人类在极地的生活

# 防寒服，极地的必备物

极地是世界上最冷的地方，尤其是南极，有寒极之称。另外，南极多风暴，又有风极之称。对于科考人员而言，他们长时间待在这样的环境下，很容易冻伤皮肤。防寒服可调节人体体温，让人体保持热平衡，是人们在极地生存的必备物。

## 防寒服的特点

防寒服主要以防寒保暖为主，服装材料的导热系数小，有较大的隔热值。通常，防寒服很轻盈，因为过厚的服装会影响人的行动，防寒服会从空气层入手，如羽绒服，它们有蓬松、柔软、保暖等特性。

# 因纽特人的防寒服

因纽特人生活在极其寒冷的北极，那里常年刮着刺骨的寒风。因此，他们以动物的皮毛为原料制作衣服，如驯鹿皮、海豹皮、熊皮等，可更好地抵御北极的严寒。

一件由松鼠皮制作成的皮袄。

一双由海豹皮、驯鹿皮和彩色的线缝制而成的鞋。

因纽特人用北极驯鹿的肠子加工成缝制衣服的线。

格陵兰岛的妇女会将大衣做得很大，方便将自己的孩子放到背上。

## 海洋万花筒

在极地的冬天，如果一个人掉到水中，很快会被冻死。另外，人在运动时，产生的热气会向外排放，在寒冷的天气，蒸气首先会在衣服外层结冰，紧接着在衣服里层结冰，最终在皮肤上结冰。所以，因纽特人十分注重衣服的干燥性。

# Part 5 人类在极地的生活

海洋探秘系列 极地探秘

## 探路者

随着我国极地考察工作的深入和发展，我国科学家对极地的温度和风力都有了直观感受和科学认知，对防寒服的需求自然十分专业。2009年10月，我国南、北极科学考察队与探路者合作。此后，探路者防寒服成为我国极地科学考察队员在极地考察的必备防寒服。

## 探路者防寒服的特点

探路者防寒服采用了探路者研发的 TIEF WARMX1 保暖科技。这种防寒服采用高强度、高密度的涤纶格子面料，可以实现专业级别的防风和防水。该防寒服的绒子含量可以达到84，最高蓬松度则达到900以上。

## 多口袋设计

在探路者防寒服的设计上，设计人员考虑工作人员在极地进行科学考察时，需要尽量轻装上阵，所以探路者防寒服设有许多口袋，方便工作人员携带保温杯和补给食物等。多口袋设计使工作人员即使没有背包，也能方便地出行。

## 防风保暖功能

为了增强防风和保暖的功能，探路者防寒服的帽檐设计成了前伸样式。不仅如此，防寒服还添加了防风袖口和灵活的下摆抽绳。这样不仅能防止风雪灌进羽绒服，还能抵抗寒风的侵袭。

## 采用诸多专业技术

探路者防寒服采用了许多科技含量很高的技术，非常舒适和安全。例如，这类防寒服采用了 TiEF AS X3 耐久型抗静电科技和 TiEF FRESH X2 抑菌清新科技。

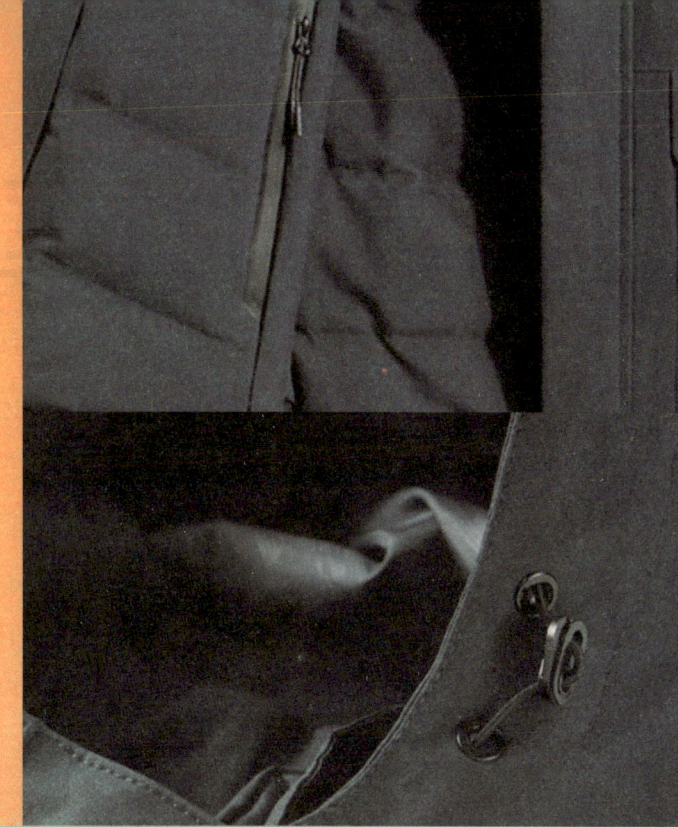

## 未来防寒服会更“酷”

如今，我国的防寒服研究早已今非昔比。21 世纪的今天，新技术革命在孕育阶段，而新材料将会成为“引爆点”。现在，包括我国在内的各国在防寒服的研究上纷纷瞄上了石墨烯、超细纤维等新型材料。相信在未来，这些材料或许会打开防寒服的新世界！

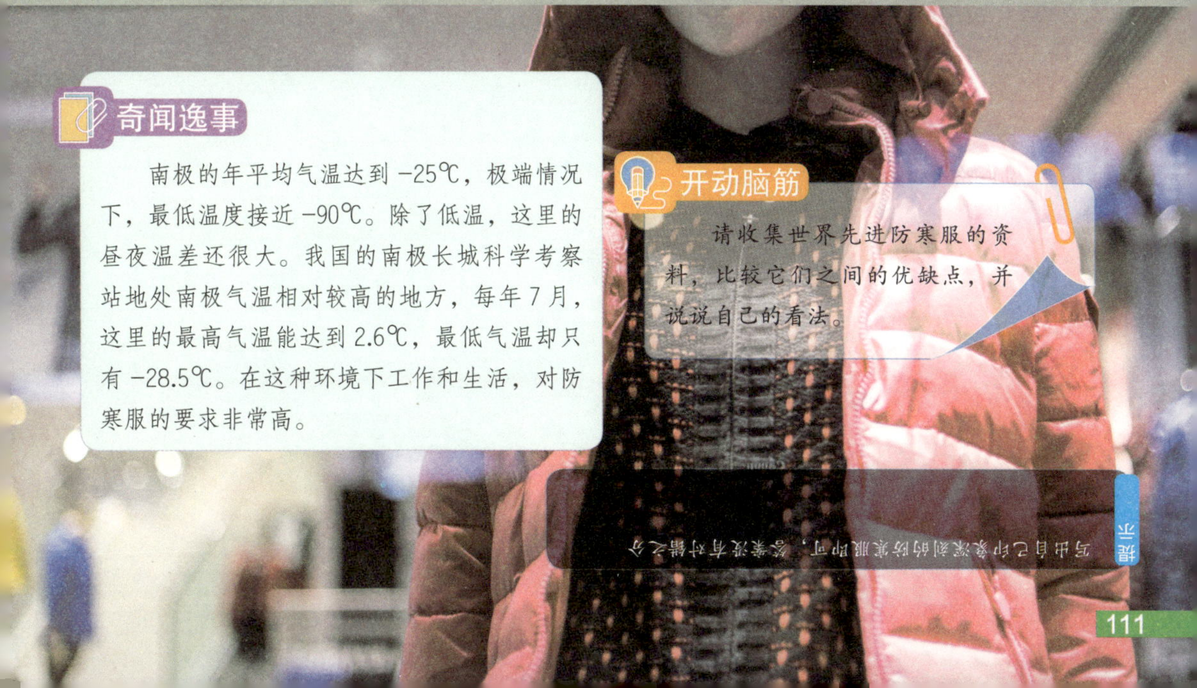

### 奇闻逸事

南极的年平均气温达到 -25℃，极端情况下，最低温度接近 -90℃。除了低温，这里的昼夜温差还很大。我国的南极长城科学考察站地处南极气温相对较高的地方，每年 7 月，这里的最高气温能达到 2.6℃，最低气温却只有 -28.5℃。在这种环境下工作和生活，对防寒服的要求非常高。

### 开动脑筋

请收集世界先进防寒服的资料，比较它们之间的优缺点，并说说自己的看法。

**提示** 写出自己印象深刻的防寒服即可，答案没有对错之分

海洋探秘系列 极地探秘

Part 5 人类在极地的生活

# 奇妙的雪屋

提起雪屋，有人可能会联想到《神雕侠侣》中小龙女的寒玉床，它们确实有点神似。不过，真的有人在这样的房子内生活吗？如果他们能在这样的房子里生活，他们一定有什么御寒神功吧？其实，世界上还真有人在雪屋中生活，他们没有任何御寒神功。因为雪屋里不冷，还挺暖和呢。

## 关于奇趣雪屋的传说

因纽特人是天生的艺术家，他们因地制宜地用冰雪打造了别具风格的住宅——雪屋。美国作家保罗·奥斯特讲过一个故事：一位丹麦探险者来到北极，在暴风雪中，他几乎毙命。于是，他在因纽特人的帮助下盖了一座雪屋。由于狼群的威胁，他不得不待在雪屋中。尽管他暂时安全了，可他发现，自己的呼吸让雪屋凝结，使他的避难之所变得更加狭窄。上天像和他开了一个玩笑：得到空间，停止呼吸；失去空间，受到死亡威胁……那么，雪屋到底是什么呢？它是怎么建造的？它真的可以抵御寒冷吗？

## 雪屋的建造

因纽特猎人生活在雪屋中，这是一种传统的圆顶房子。它是由不同规格的冰或雪砖堆砌而成的。他们建造雪屋的顺序是：先用工具测量雪屋的尺寸，然后用刀将雪块切割成不同规格的大砖块，再堆砌屋子。需要注意的是，雪屋不能太高。通常，熟练的猎人1小时左右就能建好雪屋。

## 雪屋的寿命有多长

人们常说建筑是凝固的艺术。对因纽特人来说，雪屋不仅是他们赖以生存的房子，更是一件艺术品。不过，这种艺术品的寿命却是短暂的。一间雪屋大约可以使用50天。所以，因纽特人是世界上盖新房和搬家次数最多的民族。

### 海洋万花筒

读到这里，你是不是担心万一雪屋融化了怎么办？其实，住在雪屋中，人体热量以及阳光照射并不会导致雪屋大面积融化。即便出现融化，也只会让雪屋变得更加坚固，进而让屋内变得更加温暖。有时，雪屋内的温度会高于0℃，这是不是有点不可思议呢？

海洋探秘系列 极地探秘

**Part 5 人类在极地的生活**

## 有门无窗的小屋

在建造雪屋的时候，因纽特人会将雪块压瓷实，然后将它们制作成雪砖，当作砖头使用，每次堆砌一块雪砖，他们都会泼一些水，好让冰砖砌得更加牢固。这样不断垒着，冰砖就不断冻结着。外面建好后，因纽特人会在室内挖一个深坑，然后利用挖出的雪垒一个高出地面的高台，铺上兽皮，就能在这里睡觉、吃饭等，其他家具也是用雪堆砌而成的。雪屋没有窗户，所以他们在门口挂上兽皮当作门帘，方便出入。

## 雪屋内的温度是多少

雪屋建成后，因纽特人往往还会在半球形的屋顶上盖一层厚厚的野草，再覆盖一层海豹皮，同时，在屋内螺旋形的墙壁上挂满兽皮，通过这些措施来防风保暖。因纽特人还会在雪屋内生火保暖，因此，即使外面的温度为-50℃，雪屋内的温度也能达到0℃以上。

### 奇闻逸事

聪明的因纽特人喜欢用石块凿出一个石炉子，里面装一些油，然后用兽皮搓出一根灯芯。将它点亮后，不仅能照明，还能为屋子内提供热量。因纽特人穿上厚厚的皮衣后，就能在雪屋内安稳地过冬了。当然，我们现在提及的因纽特人是极地因纽特人，还有不少因纽特人没有见过雪屋呢。

## 暖季要离开雪屋

暖季到来时，因纽特人会离开雪屋。他们会在岸边用石头、土垒起"土房子"。当然，如果有人不想离开雪屋，他们就必须用皮革或帆布对屋顶进行改造。如果不进行改造，一旦温度过高，屋顶就会坍塌。

## 雪屋成为现代时尚

随着社会的发展，因纽特人已经开始了新生活。冬天修建雪屋早已成为传统和遗弃的符号。与此同时，雪屋成为其他地方的时尚。如今，在瑞士、加拿大等高纬度的地方，每年都会有设计师打造现代版的雪屋。

加拿大北部博德莱有一个仿因纽特人生活的小村庄，专供游人参观或来此亲身体验雪屋生活。这里的许多工作人员是因纽特人，他们仍按照自己民族的风俗习惯住雪屋，吃麋鹿肉和海豹肉，为游人盖雪屋是他们的拿手好戏。

# Part 5 人类在极地的生活

海洋探秘系列 极地探秘

## 北极圈里的冰旅馆

在冰天雪地的环境下,人们会思考如何避寒。在瑞典的尤卡斯加维有一座用冰建造的旅馆,它叫"冰旅馆"。它吸引着世界各地人们的眼球,人们纷纷前往那里……

## 完全由冰建成的旅馆

这座冰旅馆有60间房,人们根据冰雪建筑的力学原理建造而成。走进这座冰旅馆,你会看到一条宽宽的走廊,那里有冰柱支撑着。在旁边还有一些窄小的走廊,在走廊两侧则凿出门洞,人们可以走进各自的客房。冰旅馆内的摆设都是冰雕塑。

## 冰旅馆是怎么来的

瑞典人博奎斯特是一名工程师,他是建造这座冰旅馆的人。20世纪70年代,他在尤卡斯加维工作。后来,他辞去工作,在小镇上经营起一家旅馆,经常会接待一些钓鱼、徒步旅行的游客。不过,冬天到来时,游客数量大大减少。博奎斯特无聊地待在旅馆中,在朋友的提醒下,他建造了这座冰旅馆。

## 冰旅馆人满为患

冰旅馆建成之后,欧美各地的游客纷纷前往那里。再到后来,人们需要预订才能体验冰旅馆,它让这里原本冷清的冬天变得热闹。人们都渴望在冰旅馆中住一夜,那么,在那里睡觉会是什么感觉呢?

## 奇妙的冰旅馆之夜

在冰旅馆中有一张可供人们休息的冰床。冰床上放着一块木板，木板上还铺着驯鹿皮。旅客在睡觉前，只需脱掉外衣和鞋子，然后钻进睡袋中即可。由于雪有吸音的作用，你会感到周边异常安静。另外，睡袋可以发热，不久，你就会进入梦乡。

冰屋建造：砌冰屋的步骤：1.将冰块砌入圆形底线上，围成一个约2米直径的圆形地基，这是冰屋的基础。2.将冰块按层堆砌成内倾斜，以使冰屋逐步变得狭小。3.留出一扇小门。

## 颁发冰旅馆居住证书

如果你在这座冰旅馆安全度过一晚后，旅馆老板会给你发一本证书，证明你在尤卡斯加维的冰旅馆中度过一夜。对此，你有没有心动呢？如果有机会，不妨去那里感受一下冰旅馆的魅力吧！

### 开动脑筋

你有没有被雪屋震撼到呢？不如动手做一个雪屋吧！请将制作步骤记录下来，并写一写你的感想。

制作雪屋的步骤：＿＿＿＿＿＿＿＿＿＿＿＿＿＿＿

＿＿＿＿＿＿＿＿＿＿＿＿＿＿＿＿＿＿＿＿＿＿＿＿

海洋探秘系列 极地探秘
Part 5 人类在极地的生活

# 极地人们的狩猎生活

极地是一个充满神奇色彩的地方……当我们吃着各种美味时，很难想象出生活在北极的人们在吃什么。没错，他们最初是通过狩猎，吃各种动物的肉才生存下来。在北极，没有"残忍"，只有"适者生存"。

## 狗拉雪橇

近些年，因纽特人的交通工具变得先进了，他们会使用机动车。不过，在陆地上，他们还是使用狗拉雪橇多一些。一般的雪橇是用木头、动物骨头、皮带制成。当地的人们为了让雪橇跑快点，会在上面塞进冻泥球。有的人会让狗以扇状排列，也有的人将狗按前后顺序套在雪橇上。

## 去捕猎海豹吧

每年春天，一些生活在北极地区的因纽特人会来到冰面上捕猎海豹。在捕猎开始前，他们要先选择合适的捕猎地点。捕猎海豹最合适的地点是凹凸不平的冰面。这样的冰面往往裂开过许多次，裂口经过多次融化又重新冻结，导致冰面的冰层比一般的冰薄得多。这样薄的冰面恰恰是海豹的最爱。它们常常选择这些地方作为呼吸的洞口。捕猎时，猎人们守在海豹的呼吸洞口，一看到海豹从海面上露头呼吸，就会用"Y"形鱼叉猛地插入呼吸洞里，从而捕获海豹。

## 跟着因纽特人去捕鱼

对居住在北极地区的因纽特人来说，鱼是不可或缺的食物。因纽特人的捕鱼技巧十分精湛，他们会在冰面上挖一个一尺见方的冰洞，先从冰洞下捕获北极红点鲑。接着，他们把这些鱼切块后当成鱼饵，再把鱼饵挂到鱼钩上。随后，他们会把鱼线放进冰洞里。在大家的通力合作下，一条条大鱼就上钩啦！

### 海洋万花筒

夏日，如果风平浪静，因纽特人会乘坐小船在海面上游荡。有人会将收音机放到船底，将声音开到最大。你一定很好奇，他们为什么会这样做？他们这样做其实是为了吸引海豹。当然，还有人会用船桨使劲击打船身，这样将声音传递到水中，就能引来附近的海豹。

海洋探秘系列 极地探秘

**Part 5 人类在极地的生活**

## 捕猎北极熊的因纽特人

　　加拿大的维多利亚岛上生活着很多北极熊，每年5月，因纽特人会被允许前去捕猎少量的北极熊。此时，猎狗是他们最得力的助手。它们机敏地寻找着北极熊藏身的雪墩，猎人们会打开雪墩的顶部，然后用猎枪击毙北极熊。

## 捕猎一角鲸

　　生活在北极的因纽特人依然保留着打猎的生活习性。在北极这个温度极低、物资匮乏的地区，一角鲸成为因纽特人的主要食物之一。猎杀一角鲸时，必须掌握一角鲸露出水面呼吸的时间频率，抓住时机用枪射击才能击中。因纽特人解剖、分割一角鲸后，会把鲸骨架放在特定地点，留给北极熊和海鸟等，以此维护自然生态的平衡。

### 奇闻逸事

　　一角鲸有像独角兽一样的角，它们在北极神出鬼没。你一定好奇它们脑袋上的角吧！其实，一角鲸的"角"并不是真正意义上的角，而是一颗长牙。当一角鲸出生之后，它们只会长出两颗牙齿，雌鲸的牙会藏起来，而雄鲸的一颗牙齿会破唇朝外长，从而形成我们看到的"角"。

## 驯鹿也难逃一死

在北极圈内，驯鹿也是一种重要的动物。驯鹿不仅可以用于运输，它们的肉也可以食用，筋腱可用来做渔网，皮可以制成大衣、帐篷等。在极地，大部分族群实行原始公有制，年轻人捕到猎物之后，会将食物分给大家吃。

## 认识各种捕猎工具

在历史的演变中，因纽特人在捕猎的过程中制作了各种捕猎工具，如渔网、剑、弩等，这些工具多取自冰川岩石、动物的骨头、划艇等，如用猛兽的牙齿制作鱼叉头、用猛兽的骨头磨制成匕首……

## 如今的狩猎是有限度的

21世纪的今天，世界各国呼吁不能捕猎北极熊等珍稀动物，但对于因纽特人还是有一定宽限的，毕竟这是他们赖以生存的手段。不过，在超出允许捕猎的限度后就会被禁止。

# Part 5 人类在极地的生活

海洋探秘系列 极地探秘

## 极地人们的饮食文化

在极地生活的人们会狩猎各种动物,作为日常的饮食来源。那么,他们都吃什么呢?

### 腌小海雀

人们将海豹掏空之后,将数百只没有去毛的小海雀塞进海豹的肚子里,塞满之后,将海豹的肚子密封起来,加入油脂排出其中的空气,然后将密封好的海豹埋在地下,经过数月乃至几年的发酵,再将它们从地下取出食用。

### 格陵兰岛的肉汤

在格陵兰岛有这样一种美食:人们将海豹肉、驯鹿肉等一锅炖,有时会加入土豆、洋葱、黑胡椒等。看到这里,你是不是也想尝尝这种肉汤呢?它和我们平时吃的肉汤到底有什么不同之处呢?

### 不同寻常的冰激凌

大家一定对冰激凌不陌生吧!不过,我们接下来讲的冰激凌却与众不同哦!这是阿拉斯加和加拿大北部的一种甜点,当地人称它为因纽特冰激凌。这种冰激凌是用兽脂和莓果混合而成的,当然,有时人们也会加入一些苔原草类。

122

## 只吃肉，真的健康吗

在极地生活的人们主要以肉为主食，这放在极地以外的人身上无疑会和"三高"扯上关系。不过，在极地生活的人们却鲜少会患上这些病。这到底是为什么呢？原来，他们食用的肉大多是新鲜或低温保存的，没有经过任何烹饪，营养得到最大限度的保留，而且冷水鱼、哺乳动物的肝脏等富含维生素C，也能让当地的人们营养均衡。不过，长期食用生肉，很容易使当地人感染寄生虫，从而患上动脉硬化等疾病。

## 现代化对极地人们生活的影响

近几十年，随着北美人、欧洲人的涌入，极地人们的生活习惯被打破了，当地人们在备受各种疾病肆虐的同时，生活也有了很大的改善，开始拥有先进的交通工具和狩猎武器，还能用现代炉灶煮鱼头汤……另外，在北极圈附近也出现小超市，售卖一些现代化的食品。不过，由于运输原因，这些食物的价格相对昂贵。

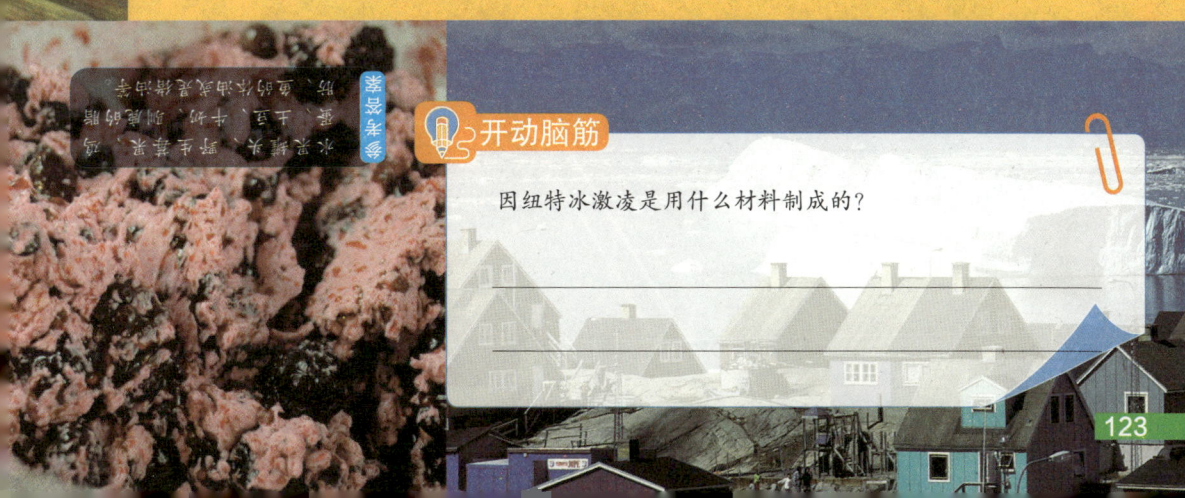

### 开动脑筋

因纽特冰激凌是用什么材料制成的？

# Part 6
## 极地的科考与环保

极地是科学家们心驰神往的地方。随着科学技术的发展,越来越多人的足迹留在了极地。人们在那里进行科研和探索。不过,人们在获得更多有用资源的同时,也给那里带来了巨大伤害……

海洋探秘系列 极地探秘

Part 6 极地的科考与环保

# 留在极地的人类足迹

在地球的南端，有一块令人叹为观止的南极大陆，尽管它距离人类文明的发源地非常遥远，但是聪明的人类还是揣测到它的存在。后来，人们真正走进这片土地，在那里，人类留下了足迹……

## 走进人类视野的南极大陆

公元2世纪，著名的地理学家托勒密绘制了一幅地图，图中除了标出已知的陆地，还在地图的南面画出一块大陆，他把它命名为"未知的南方大陆"。这也是南极大陆第一次走进人类的视野……

## 人类初次靠近南极大陆

在大航海时代，尤其是在哥伦布发现美洲大陆之后，这大大激发了探险家和航海家探险的热情，他们纷纷南下寻找那块"未知的南方大陆"。可是，人类想要找寻到南极大陆需要跨越位于西风带的茫茫大海，那里对他们而言无疑是"死亡之海"。直到18世纪70年代，英国航海家库克船长才让人类的足迹出现在南极。

## 第一个发现南极大陆的人

尽管库克船长是第一个率领船队横跨南极圈的人，但他在几次对南极海域的探索中都因为冰层太厚而不得不返航，并没有发现南极陆地。1820年1月，俄国海军舰长别林斯高晋成为第一个发现南极大陆的人。后来，美国的海豹猎人约翰·戴维斯被一些人认为是第一个踏上南极大陆的人，不过有些历史学家对此表示异议。

**海洋万花筒**

很多南极探险家纷纷前往南极，且不时有新的发现，为人们慢慢揭开了南极大陆的面纱。可是谁是第一个登上南极大陆的人尚无定论。所以，人们认为南极大陆是人们在探险中慢慢发现的，每一位南极探险家都是人类发现南极大陆征程上的英雄。

# Part 6 极地的科考与环保

海洋探秘系列　极地探秘

## 南极点上的竞赛

在南极点上有一个科考站——阿蒙森-斯科特站，阿蒙森和斯科特是20世纪初南极探险竞赛的两位主角。当斯科特开始南极点的征程后，阿蒙森也筹划着征服南极点。最终，阿蒙森先于斯科特登上南极点，斯科特则在晚了一个多月后才到达南极点，并死于返程途中。

## 人类对南极探险进入新阶段

在阿蒙森和斯科特征服南极点之后，人类对南极的探险进入新阶段。尤其是20世纪后期，各个国家纷纷在南极建立科考站。目前，在南极已经建立了150多个科考站。其中，一些科考站规模庞大，后勤保障、生活服务等设施一应俱全。

128

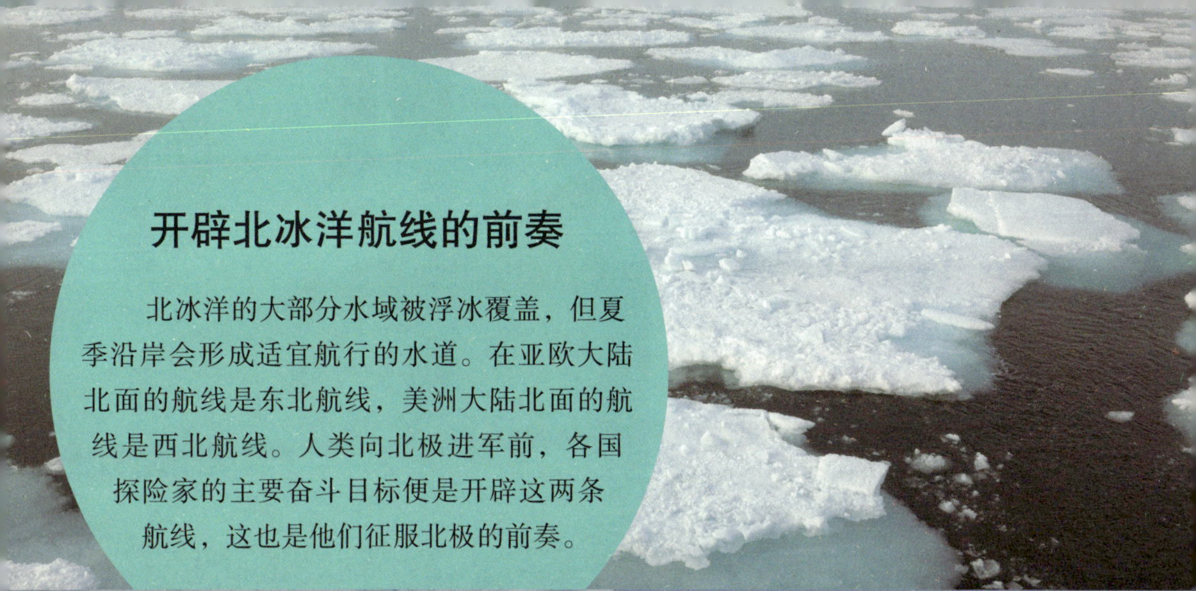

## 开辟北冰洋航线的前奏

北冰洋的大部分水域被浮冰覆盖,但夏季沿岸会形成适宜航行的水道。在亚欧大陆北面的航线是东北航线,美洲大陆北面的航线是西北航线。人类向北极进军前,各国探险家的主要奋斗目标便是开辟这两条航线,这也是他们征服北极的前奏。

## 征服北极的艰辛

罗伯特·索恩、维塔斯·白令、阿道夫·伊雷克·诺登舍尔德等都历经千难万险开辟东北航线。相比东北航线,人类开辟西北航线更加艰辛。这条航线遍布冰山、浮冰,不少探险家为此付出了生命,如约翰·富兰克林、亨利·哈德逊等。即便如此,人类探索的脚步也并没有停止。1906年,罗阿尔德·阿蒙森率领的探险队最终征服西北航线。

## 新奥尔松,北极科学城

在北极科考中,挪威的新奥尔松占有举足轻重的地位。20世纪60年代,新奥尔松是一个煤矿,由于当地环境好,适合建立科考站,于是便关闭了煤矿,逐渐发展成北极科学城。那里不仅有小卖部、机场、码头,还栽培着绿色蔬菜……

海洋探秘系列 极地探秘

Part 6 极地的科考与环保

## 南极探险的 4 个时代

南极没有原住民，可是每年都有很多科学家、工程师驻扎在那里，还有很多游客前往那里，观赏那里的景色和野生动物……那么，南极探险经历了哪些时代呢？

### 第一阶段——帆船时代

18 世纪后期，库克船长开始寻找南方大陆，当时人类主要靠帆船去南极探险，所以，这个时代被人们称为帆船时代，可见当时人们进行南极探险的艰辛以及不屈的毅力。

### 第二阶段——英雄时代

20 世纪初到第一次世界大战期间，阿蒙森、斯科特等南极探险英雄，先后征服南磁极以及南极点，让人们看到南极的真实面貌。他们不仅是当时的英雄，也是现代人的英雄，他们身上的顽强和勇敢的精神值得每个人学习。

### 第三阶段——机械化时代

在第一次世界大战之后到 20 世纪 50 年代，人类在探险中慢慢淘汰了狗拉雪橇等最原始的装备，取而代之的是现代化的机械设备，比如，飞机在南极探险中得到了广泛应用。

## 第四阶段——南极科学考察时代

20世纪50年代至今,科学家们纷纷前往南极进行科学考察,在那里建立了大量的科学考察站。比如,英国在南极建立了3个科学考察站,而"哈雷"站是最现代化的,可研究大气物理……

## 科学考察站的重要性

极地是每位科学家心驰神往的地方。地质学家通过研究地球表面的洋流和古冰川遗迹推断大陆漂移的轨道;冰川学家通过研究,揭秘冰川时代的故事;物理学家通过研究大气进而发现臭氧层空洞……因此,极地科考对研究地球演化有至关重要的作用。

### 开动脑筋

关于南极洲的描述,正确的是( )。
A. 南极大陆包括南极圈以内
B. 发达国家可优先开发南极
C. 极地冰川融化可导致全球变暖
D. 南极洲是世界上纬度最高的大洲

131

Part 6 极地的科考与环保

海洋探秘系列 极地探秘

# 中国在极地的科学考察活动

在南极和北极都有各个国家科学家的足迹,中国也不例外。虽然中国参与南极和北极科考的时间很短暂,却获得了不少成就。接下来,就让我们一起感受中国在极地科学考察中取得的成绩吧!

## 中国南极科考吹响了号角

1980年年初,中国派董兆乾、张青松赴澳大利亚的南极凯西站考察,直到1984年的4年多中,中国先后派出40名科学工作者分赴澳大利亚、新西兰、智利、阿根廷等国的南极站进行考察,这为之后中国人在南极建立科学考察站打下了基础。1984年中国第一支南极科考队向南极进发,吹响了中国南极科考的号角。

## 中国科考队首次远征北极

1999年，经国务院批准，中国第一次对北极地区进行大规模科学考察。7月1日，中国北极科考队员乘坐"雪龙"号极地考察船奔赴北极。7月14日，"雪龙"号顺利抵达楚科奇海。当天下午，"雪龙"号搭载的一架名叫"小松鼠"的直升机起飞，从北极上空飞过。

### 海洋万花筒

1961年颁布的《南极条约》指出，南极大陆只能用于科学研究，不能用于军事和工业。这个条约的颁布，有效地保护了在南极生活的动植物。截至目前，有30个国家在南极建立了科学考察站。

海洋探秘系列 极地探秘

# Part 6 极地的科考与环保

## 第一个南极科考站——长城站

长城站是中国建立的最早的南极科学考察站，它于1985年2月20日在乔治王岛上建成。乔治王岛与南极大陆毗邻，相比南极大陆，乔治王岛的环境相对温和，这里生活着很多动物，如海豹、企鹅等，还有不少植物，如地衣、苔藓，有利于人们开展南极生态环境对气候变化响应的科学考察。不少国家在这里建立了科学考察站。

## 第二个南极科考站——中山站

中山站和长城站最大的区别是它建立在南极圈以内。那里的环境更加恶劣、寒冷和干燥。1989年2月26日，中山站在东南极大陆的拉斯曼丘陵建成，那里紧挨着兰伯特冰川和查尔斯王子山脉，有丰富的淡水资源，可作为人们向南极内陆进发开展科学考察的基地。

### 奇闻逸事

中山站位于东南极大陆的拉斯曼丘陵，它是以中国民主革命的先驱孙中山的名字命名的。如今，它经过多次扩建，拥有15座建筑，设备齐全，可满足科学考察人员的工作和生活所需。

## 第三个南极科考站——昆仑站

昆仑站位于南极大冰盖的冰穹A上，它是中国第一个南极内陆科学考察站。2009年1月27日，昆仑站胜利建成，这也意味着中国跻身国际极地考察的前列。它是最佳的取冰芯、监测大气环境、天文观测等的场所。

## 第四个南极科考站——泰山站

2014年2月8日，泰山站正式建成开站。听到泰山站，你是不是想到了五岳之首泰山呢？其实，国家海洋局之所以将这个考察站以泰山之名进行命名，是因为它在国际和国内的知名度是极高的，而且它在国内征名活动中取得的票数仅低于"昆仑站"。泰山站位于中山站和昆仑站之间，它与昆仑站相呼应，可支撑东南极关键区域的考察。

## 第五个南极科考站——秦岭站

秦岭站位于南极三大湾系之一的罗斯海区域沿岸，这是一个南极地区岩石圈、冰冻圈、生物圈、大气圈等典型自然地理单元集中相互作用的区域，具有重要的科研价值。秦岭站是我国首个面向太平洋扇区的考察站，于2024年2月7日开站，其主体设计为南十字星造型，设计理念源自郑和下西洋用来导航的南十字星。

## 第一个北极科考站——黄河站

黄河站的全称是中国北极黄河站，2004年7月28日建成，它是中国在北极建立的第一个考察站。它位于挪威斯匹次卑尔根群岛的新奥尔松，有着全球极地考察中最大的空间物理监测点，为空间环境探测等学科提供了研究条件。另外，它的基础设施一应俱全。

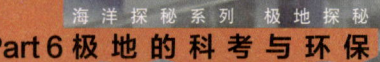

## Part 6 极地的科考与环保

海洋探秘系列 极地探秘

### 走进"雪龙"号

"雪龙"号极地考察船简称"雪龙"号,它是中国第三代极地破冰船和科学考察船,自1994年10月第一次执行南极科考和物资补给运输任务以来,创造了中国航海史上多项新纪录,并为中国迈入极地开展科研考察做出了重要贡献。

### 中国首次北极大规模考察

1999年,我国在北极开展了大规模考察。科考人员乘着"雪龙"号前往北冰洋。其间穿过了日本海、宗谷海峡等地,安全行驶了141 800海里,在获得珍品的同时,也获取了大量的有用资料。

### "雪龙"号的由来

1993年,乌克兰赫尔松船厂的一艘"维他斯·白令级"破冰船正是"雪龙"号的前身。自从中国采购回来后,人们将它改装成极地考察运输船。原国家南极考察委员会主任武衡将它命名为"雪龙"号,"雪"代表着极地冰天雪地;"龙"是中国的象征。

### "雪龙"号的"四多"

在中国的极地考察活动中,"雪龙"号极地考察船发挥了重要作用。它有着先进的技术,多次赴南极、北极执行任务。另外,"雪龙"号的船上有"四多"值得一提:"地图多",船上有数不清的地图,可供科考人员查阅;"照片多",船上挂满了极地的照片,形成一道亮丽的风景;"讲座多",科考人员为加强对各学科的认识,经常举办各种讲座;"规矩多",船上有很多守则,如安全守则、消防守则等。

## "雪龙"号内部舱室

通常，考察队员两个人住一间屋，屋内有中央空调、卫生间、冰箱、衣柜等。另外，屋内还可以上网发邮件。船上还有图书馆、健身房、数据信息中心、洗衣房、手术室等生活、娱乐、医疗设施。

## 先进的雪龙2号

雪龙2号极地考察船不仅是我国第一艘自主建造的极地科学考察破冰船，还是全球第一艘采用船首、船尾双向破冰技术的极地科考破冰船，能够在1.5米厚冰环境中连续破冰航行，它于2019年7月交付使用，已执行多次极地科考任务。

### 奇闻逸事

**征服极地的中国女性**

南、北极的酷寒与孤寂，让很多人望而却步。但是，有一些女性，她们不畏艰辛，克服困难，最终走进了这个晶莹的世界。

1. 我国首次参加南极越冬的女队员

1992年，第17次科考队越冬的时候，在长城站里首次出现两位女性——赵萍和林清。在严酷的环境下，女性面临着更多的问题和更大的挑战，而她们的出现也给严冬的南极带来了一股暖流。

2. 中国第一个徒步抵达南极难抵极的女性

2020年1月25日，难抵极迎来了第一个徒步到达这里的中国女性——冯静。冯静历时80天、穿越1800多千米，完成了从海岸线到南极大陆难抵极的徒步远征。

3. "雪龙"号第一位女性驾驶员

2009年9月，谢洁瑛作为中国极地科考船"雪龙"号第一位女性船舶驾驶员，加入了中国第26次南极科学考察，历时196天，圆满完成考察任务。2010年9月，谢洁瑛参加第四次中国北极科学考察，抵达当时"雪龙"号最北航行纬度——88°26′。

Part 6 极地的科考与环保

海洋探秘系列 极地探秘

# 不断融化的冰川

如今，格陵兰岛和南极的冰川正在融化，它们的融化速度已经远远超过高山冰川。在科学家看来，冰盖融化的时间来得过早。这个现状不容乐观，如果照此下去，未来不知会是什么样的。

## 极地竟然下雨了

2010年，在北纬87°的地方，也就是靠近北极点的地方，竟然下雨了。这种现象简直让人不可思议，这无不说明北极正受全球气候变暖的影响。

## 极地冰川的现状

目前,极地冰川不断消融,极地的覆盖面积在不断减小,海冰变小、变薄。尤其是北极海冰中出现大量的水道和水塘,不仅如此,北极点内的海冰也在不断消融。如果以这种局面继续发展,后果不堪设想。

联合国气候专家委员会的一项报告指出,在 20 世纪,全球海平面已平均上升了 15 厘米,现如今的海平面每年上升约 3.6 毫米。然而,从目前南极和格陵兰岛冰川融化的情况来看,到 2100 年,海平面还要上涨 30 ~ 110 厘米。海平面的升高不仅会对一些岛国的人们产生威胁,也会影响我国沿岸的生态环境。

### 海洋万花筒

在全球气候变暖的影响下,海平面上升早已成为既定事实。尤其是近几十年,海平面上升的速度又涨了 1 倍。而更多现象告诉人们,海平面增长的速度仍在加速中……

海洋探秘系列　极地探秘

# Part 6 极地的科考与环保

## 冰川融化对沿海地区的威胁

图瓦卢是一个位于南太平洋的岛国，这个国家的最高海拔为4.5米。在全球气候变暖的影响下，两极冰川不断融化，图瓦卢随时都可能被海水淹没。如今已经有人离开了图瓦卢。人们预测，如果无法制止冰川融化，不久，图瓦卢人将彻底搬离家园。

## 冰川消融对极地生物的威胁

随着北冰洋海冰消融，北极熊生活所需的浮冰越来越少，它们生活的空间变成了一座座"孤岛"。它们不得不下水游更长的距离才能找到一块可以栖息的浮冰。如此一来，它们会耗尽体力，最终溺死在茫茫大海中。不仅如此，不少极地鱼类由于气候变化，无法找到可栖息的地方，也慢慢消失在人们的视野中。

### 奇闻逸事

随着冰川融化，浮冰减少，它们一小块一小块地漂浮在海面上。北极熊只能在零碎的浮冰上过着颠沛流离的生活。尽管它们擅长游泳，可是没有浮冰落脚，它们很可能会溺死在海水中。北极熊是游泳健将，如今落得这般田地，实在令人唏嘘。

南极冰川融化还给帝企鹅雏鸟造成灭顶之灾。因为一旦海冰提前破裂，帝企鹅雏鸟可能会掉进水里淹死，或者随浮冰漂走，因得不到哺育而饿死。如果全球气候变暖继续恶化，到21世纪末，超过九成的帝企鹅群落将濒临灭绝。

## 海平面上升对企鹅的影响

冰川融化还会导致海平面上升，使一些低海拔沿海地区被淹没，对企鹅的栖息地和捕食场造成破坏，企鹅的生存环境会变得更加恶劣，捕食变得困难，后代成活率降低。企鹅就像海洋环境的天然警报器，它们的命运反映了海洋正在遭受破坏。

## Part 6 极地的科考与环保

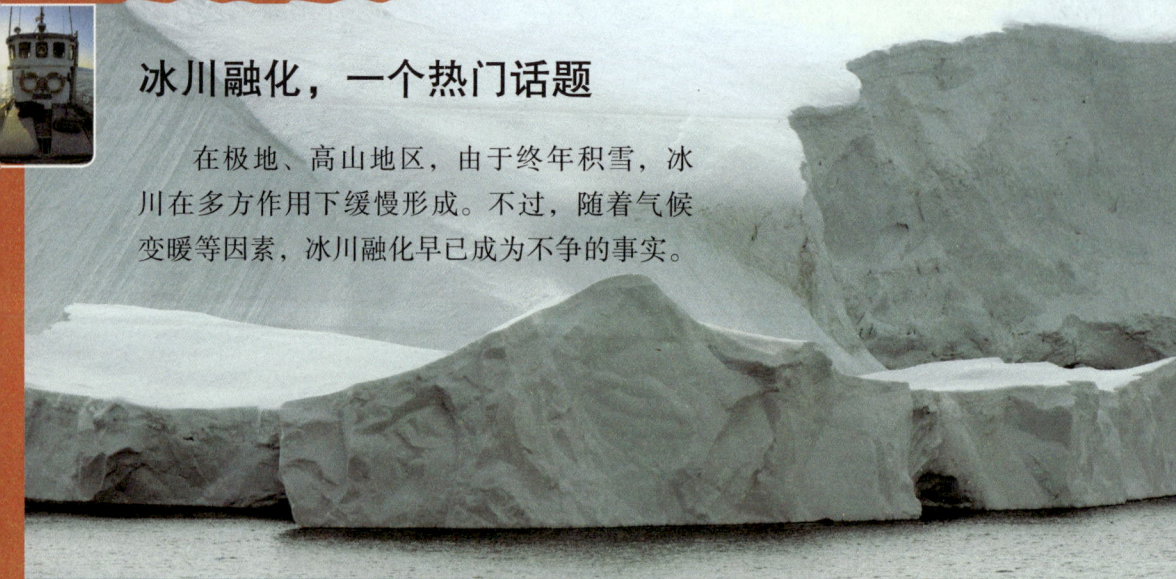

## 冰川融化，一个热门话题

在极地、高山地区，由于终年积雪，冰川在多方作用下缓慢形成。不过，随着气候变暖等因素，冰川融化早已成为不争的事实。

## 了解冰川的类型

人们根据冰川的形态、规模等，将其划分为3类：大陆冰川、山谷冰川、山麓冰川。这3种冰川彼此相互转化。如果雪线降低，山谷冰川就会变成山麓冰川。如果气候变冷，随着雪量的增加，山麓冰川就会变成大陆冰川。

## 冰川融化的第一种解释

地球自诞生以来，已经经历了3次冰川期。尤其是最近几十年，随着人类生产、生活活动的频繁，在此过程中释放的温室气体，如二氧化碳等，大大加速了冰川融化。毋庸置疑，气候变暖是引起冰川融化的主要原因。事实上，气候变暖不仅影响冰川融化，还会影响农业生态、动植物以及人类的健康。

## 冰川融化的另一种解释

冰川融化还归因于人类随便踏上极地，不爱护森林、污染冰川，如今的冰川像生了一场大病，日渐"消瘦"。以前的冰川融化，仅仅是冰舌的收缩，冰下面不会出现融化的现象。如今，冰层下面不仅收缩，还变薄了。当地的人们将冰川融化的原因归纳为登山污染了冰川、游客的践踏、通电带来的危害、垃圾污染……简言之，人类活动对冰川融化产生了很大的影响。

## 减排温室气体

控制气候变暖的最根本的办法就是减少温室气体的排放。人们在生活中可以这样做：节能，提高能量的利用率；改变能源结构，目前人们使用最多的能源是石油、天然气等。人们可以发展一些新能源，如太阳能、风能、核能等，从根本上做到不排放二氧化碳。

爱护冰川，爱护地球未来。减排温室气体，北极生生不息。

## 马尔代夫的水下内阁会议

2009年，马尔代夫总统在水底下召开了内阁会议。在清澈的海水中，他们坐在桌子前，彼此用手势交流，人们可以清晰地看到水泡从他们戴着的面罩上溢出。总统以及参会人员潜入海中签署了一份"SOS（紧急求救）"文件。因为马尔代夫的平均海拔不到1米，一旦全球海平面上升，马尔代夫将无法居住。他们希望更多人能关注全球气候变暖的问题。

### 开动脑筋

请你为人们关注冰川融化写几个响亮的口号吧！

_____

_____

海洋探秘系列 极地探秘

Part 6 极地的科考与环保

# 保护极地，迫在眉睫

饱览极地的绝美和壮阔风景之后，又知晓了极地的现状，相信此刻你心中一定萌生了保护极地的心愿，让我们从现在开始，守护那片洁白的世界，让这种绝美成为永恒，让这个童话的王国可以保持到永远……

## 我们为什么要保护极地

极地是人类的共同财富和资源，在全球环境保护形势日益严峻的背景下，保护极地环境可有效遏制海平面上升、减缓臭氧洞的恶化、维持地球生态平衡……总而言之，保护极地环境，是人类进行科学考察的前提。

## 极地的未来

最近几十年里,人们已逐渐意识到极地变化与全球变化之间存在的密切关系。极地的变化不仅会导致全球气候变化,还会导致海洋的变化。气候变化是全球性的问题,任何国家都不能独善其身,极地领域里没有一个研究机构或国家可以独自完成所有的科学工作,国际合作是必然出路。中国作为极地科学研究中的重要成员,势必发挥越来越重要的作用。

### 海洋万花筒

中国是一个负责任的大国,我国在极地建立科考站以来,一直关注极地的生态保护。中国不断制定并出台适合中国国情的极地环境保护法律、法规,用不同的措施,加强赶赴极地人员的环境保护教育,提升他们的环保意识和素养。

海洋探秘系列 极地探秘

**Part 6 极地的科考与环保**

## 《南极条约》

　　1959 年 12 月 1 日，阿根廷、澳大利亚、比利时、智利、法国、日本、新西兰、挪威、南非、美国、英国、苏联 12 国签署《南极条约》。该条约于 1961 年 6 月 23 日生效，截至目前共有 56 个缔约方。中国于 1983 年 6 月 8 日加入《南极条约》，并于 1985 年 10 月获得《南极条约》协商国资格，从此开始深度参与南极国际治理。《南极条约》规定南极应只用于和平目的，冻结各国对南极的主权声索，促进南极科学考察中的国际合作。

## 前往南极，遵守《南极条约》

只要去南极的人，无论是旅游还是科学考察，都应自觉遵守《南极条约》。比如，不能触碰当地的动物，尤其是刚孵化出的幼崽等。另外，南极植物多是低等植物，即便如此也不能伤害它们。比如，人们不能在有青苔和地衣的地方行走，不能将动植物带到南极。同样，人们也不能从南极带走任何东西，包括一块石头，除非用于科研，还应得到允许。

## 科考站的焚烧炉

不同国家在科考站都建有垃圾处理设备，如焚烧炉。在极地的人们会对垃圾进行严格分类，如厨余垃圾、塑料垃圾、金属垃圾等，它们会被集中处理。而对于纸质和木质等无害可燃垃圾，会被集中放到焚烧炉中处理。不能燃烧或有害的垃圾，在减小占地面积后，妥善保管，再运回国内处理。

## 科考站的污水处理系统

科考人员在极地产生的生活污水需要在污水处理设备处理达标之后才能排入大海。对于一些被化学溶液污染的水，在污水处理设备处理之后，需妥善保管，随后运输回国。

# Part 6 极地的科考与环保

海洋探秘系列 极地探秘

## 《保护南极动植物议定措施》

1964年，《南极条约》的协商国通过了《保护南极动植物议定措施》。该议定措施在南纬60°以南的地区执行，将整个南极大陆作为特别保护区对待。

## 《南极海洋生物资源养护公约》

《南极海洋生物资源养护公约》是南极条约体系中的一项重要公约，它于1980年5月20日签署，1982年4月7日生效，目前共有37个缔约方。该公约适用于南纬60°以南和该纬度与南极辐合带之间区域的南极海洋生物资源，旨在保护和合理利用南极海洋生物资源，防止过度捕捞对生态系统造成的损害，加强对南极海洋生态系统的科学研究及国际合作。2006年9月19日，中国政府递交了《南极海洋生物资源养护公约》的加入书。2006年10月19日，该公约对中国生效。

### 开动脑筋

签订《南极海洋生物资源养护公约》的目的是什么？

## 《关于环境保护的南极条约议定书》

《关于环境保护的南极条约议定书》于1991年10月4日在西班牙首都马德里举行的第11届4次《南极条约》协商国特别会议上通过，其内容包括禁止"侵犯南极自然环境"，严格"控制"其他大陆的来访者，严格禁止向南极海域倾倒废物，以免造成对该水域的污染，以及禁止在南极区开发石油资源和矿产资源。

## 有关北极环境保护的条约

目前没有统一的国际条约来规范各类北极活动，《联合国宪章》《联合国海洋法公约》和《斯匹次卑尔根群岛条约》为北极的国际治理提供了基本的法律框架或基本遵循。

## 中国的极地保护

在南极，中国积极履行《南极条约》体系相关的责任和义务，保护南极的环境与生态。在北极，在《中国的北极政策》白皮书中明确提出，中国将与各国一道加强对船舶排放、海洋倾废、大气污染等各类海洋环境污染源的管控，切实保护北极海洋环境；中国还重视北极可持续发展和生物多样性保护，开展全球变化与人类活动对北极生态系统影响的科学评估，加强对北极候鸟及其栖息地的保护，开展北极候鸟迁徙规律研究，提升北极生态系统的适应能力和自我恢复能力，推进在北极物种保护方面的国际合作。

# 海洋探秘

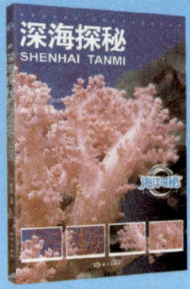

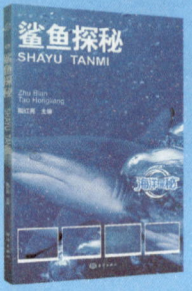

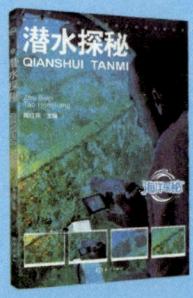
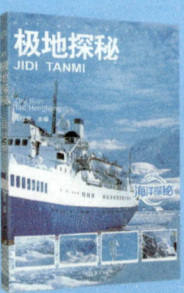
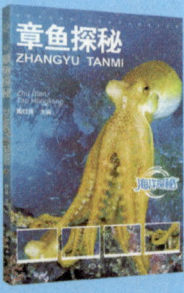
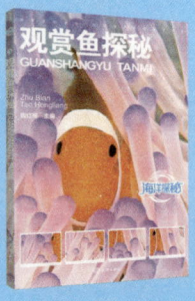
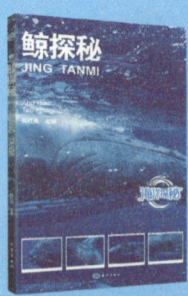